全球民用飞机TOP精选

（珍藏版）

杨 雄 编著

清华大学出版社
北京

内 容 简 介

本书精心选取了民航客机、货机、公务机、民用直升机、通用飞机等国外现代民用飞机中的80款王牌型号，别出心裁地以排行榜的形式对它们进行对比介绍。每种飞机的排名均秉承客观公正的原则，并设有“排名依据”版块对排名原因进行详细解释。为了增强阅读的趣味性，每款飞机还特意加入了一些相关的趣闻逸事。通过阅读本书，读者可以全面了解这些飞机中的佼佼者，也很容易辨明它们各自的优势与劣势。

本书内容结构严谨，分析讲解透彻，图片精美丰富，适合广大航空爱好者阅读和收藏，也可以作为青少年的科普读物。

图书在版编目（CIP）数据

全球民用飞机TOP精选：珍藏版 / 杨雄编著 .—北京：清华大学出版社，2021.7（2025.1重印）（全球武器精选系列）

ISBN 978-7-302-58504-6

Ⅰ . ①全… Ⅱ . ①杨… Ⅲ . ①民用飞机—介绍—世界 Ⅳ . ① V271

中国版本图书馆CIP数据核字（2021）第139931号

责任编辑：李玉萍
封面设计：李 坤
责任校对：张彦彬
责任印制：沈 露

出版发行：清华大学出版社
网 址：https://www.tup.com.cn, https://www.wqxuetang.com
地 址：北京清华大学学研大厦A座 邮 编：100084
社 总 机：010-83470000 邮 购：010-62786544
投稿与读者服务：010-62776969，c-service@tup.tsinghua.edu.cn
质 量 反 馈：010-62772015，zhiliang@tup.tsinghua.edu.cn
印 装 者：北京博海升彩色印刷有限公司
经 销：全国新华书店
开 本：146mm×210mm **印 张**：8.75 **字 数**：280千字
版 次：2021年9月第1版 **印 次**：2025年1月第7次印刷
定 价：48.00元

产品编号：091515-01

前言

早期的飞机并没有军用和民用之分。最初的民用航空运输，几乎都是利用淘汰的战时飞机来进行的。这些飞机都得到不同程度的改进，以适用于商业运输。所谓改进，往往只是拆除枪炮和炸弹挂架，不过也有些飞机装上了简单的密闭座舱。战时的旧飞机库和木棚用来作候机室。飞行人员和地勤人员，几乎全部是从军事飞行部队招收的，实际上不需要经过业务训练。也正是因为有了他们的工作，为今天具有世界范围的航空运输系统奠定了基础。

军用飞机可以转为民用，同样地，民用飞机也可以转为军用。海湾战争期间，美国曾动员民用飞机用于军事运输。预警机、加油机等军事用途飞机也往往由民用飞机改装而成。民用飞机和军用飞机的最大区别在于运营的经济性，所以军用飞机不能随意简单地改装为民用飞机，随着航空工业的不断发展，飞机被用于国民经济的各部门，现代的飞机便分成了军用和民用两大类。

民用飞机分为商业飞机和通用飞机。商业飞机有国内和国际干线客机、货机或客货两用机以及国内支线运输机。通用飞机有公务机、农业机、林业机、轻型多用途机、巡逻救护机、体育运动机和私人飞机等。本书精心选取了民航客机、货机、公务机、民用直升机、通用飞机等现代民用飞机中的80款王牌型号，别出心裁地以排行榜的形式对它们进行对比介绍。每种飞机的排名均秉承客观公正的原则，并设有“排名依据”版块对排名原因进行详细解释。为了增强阅读的趣味性，每款飞机还特意加入了一些相关的趣闻逸事。通过阅读本书，读者可以全面了解这些飞机中的佼佼者，也很容易辨明它们各自的优势与劣势。

针对现代人的阅读习惯，本书不仅在文字方面严格把关，在配图方面更是精益求精。书中不仅配有大量清晰而精美的鉴赏图片，还精心设计了许多极具特色的数据对比图表，可以生动形象地体现出每款飞机的性能差异。此外，还配有结构图和3D模型图，方便读者了解每款飞机的舰体构造。在结构上，本书也颇为新颖地采用了"从后往前"的排序方式，能够最大限度地激起读者朋友的好奇心和阅读欲望。本书采用32开设计，这种尺寸易于携带和收藏，便于读者随时随地阅读。

本书是真正面向航空爱好者的基础图书，编写团队拥有丰富的图书写作经验，并已出版了许多畅销全国的图书作品。与同类图书相比，本书不仅图文并茂，在资料来源上也更具权威性和准确性。同时，本书还拥有非常完善的售后服务，读者可以通过电话、邮件、官方网站和微信公众号等多种途径提出您宝贵的意见和建议。

本书由《深度军事》编委会创作，有杨雄组织编写，参与编写的人员有阳晓瑜、陈利华、高丽秋、龚川、何海涛、贺强、胡姝婷、黄启华、黎安芝、黎琪、黎绍文、卢刚、罗于华等。对于广大资深航空爱好者，以及有意了解国防知识的青少年来说，本书不失为极具价值的科普读物。希望读者能够通过阅读本书，循序渐进地丰富自己的航空科普知识。

目录

第1章 认识民用飞机

民用飞机作为一种运人载物的交通工具，特别强调其安全性、经济性和舒适性。对旅客来说，保证旅客在飞行中的生命安全是最基本的要求。经过近一个世纪的发展，民用航空运输在速度和运力两个方面都有非常大的进步。作为民航运输的承载者，飞机自身也经历了长时间发展演变和多次技术革命，不断引入航空科学技术的最新成果和不断适应世界航空运输业发展变化的需求。

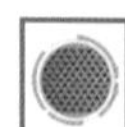 1.1 民用飞机发展简史

1804 年，英国人乔治 • 凯利在旋转臂上试验了一架滑翔机模型，第一次将鸟类飞行原理进行人为的模仿，并提出了最早的“定翼”思想。19 世纪末，日后享誉世界的莱特兄弟（威尔伯 • 莱特、奥维尔 • 莱特）进入了航空研究领域，兄弟俩在总结前人的经验和教训的基础上，开始了他们的滑翔飞行试验。很快，他们完全厘清了一架成功的飞机所应具备的三要素：升举、推进和控制。

在 1990 年到 1902 年，莱特兄弟陆续制造了 3 架全尺寸双翼滑翔机，并利用自制风洞开展机翼翼型实验。其中，第三号滑翔机空重约 53 千克，加上飞行员后的总重量为 150 ～ 155 千克。这架滑翔机在 1902 年秋开始试验时，取得了高度成功，前后共计飞行了 700 余次，性能十分出色。

经过几年的努力，莱特兄弟的第一架飞机——“飞行者一号”终于出现在人们的面前。1903 年 12 月 17 日，“飞行者一号”在北卡罗来纳州进行试飞。当天，“飞行者一号”总共进行了 4 次飞行，后来得到世界公认的第一次自由飞行是由哥哥威尔伯 • 莱特驾驶的第四次飞行，飞机在空中用 59 秒的时间飞行了 260 米。

此次飞行留空时间很短，但这是一项伟大的成就：它是人类历史上有动力、载人、持续、稳定、可操纵的重于空气的飞行器的首次成功飞行。这次成功飞行具有十分伟大的历史意义，为人类征服天空揭开了新的一页，也标志着航空飞机时代的来临。

此后，莱特兄弟又陆续制造了“飞行者二号”和“飞行者三号”。其中，“飞行者三号”可以进行重复起降、倾斜飞行、转弯和完全圆周飞行、“8”字飞行，表明它已具备了实用性，因此它被看作历史上第一架实用动力飞机。

“飞行者一号”在北卡罗来纳州进行试飞

飞机出现后的最初几年，基本上是一种娱乐的工具，主要用于竞赛和表演。但是当第一次世界大战爆发后，这个“会飞的机器”逐渐被派上了用场。

20 世纪初人类设计的飞机造型

1909 年，美国陆军装备了第一架军用飞机，机上装有 1 台 30 马力的发动机，最大速度 68 千米 / 时。同年研制成 1 架双座莱特 A 型飞机，用于训练飞行员。

一战初期，军用飞机主要负责侦察、运输、校正火炮等辅助任务。当一战转入阵地战以后，交战双方的侦察机开始频繁活动起来。为了有效地阻止敌方侦察机执行任务，各国开始研制适用于空战的飞机。

世界上公认的第一种战斗机是法国的莫拉纳 • 索尔尼埃 L 型飞机。它装备了法国飞行员罗朗 • 加罗斯的“偏转片系统”，解决了一直以来机枪子弹被螺旋桨干扰的难题。随后，德国研制出更加先进的“射击同步协调器”并安装在“福克”战斗机上，“福克”战斗机成为当时最强大的战斗机。“福克”战斗机的出现，从根本上改变了空战的方式，提高了飞机的空战能力，并从此确立了战斗机这种武器的典型布置形式。

随着空战的日趋激烈，战斗机作为飞机家族中的一个新成员，从此走上了“机动、信息、火力三者并重”的发展轨迹，在速度、高度和火力等方面不断改进。一战结束时，战斗机的最大飞行速度已达到 200 千米 / 时，升限高度达 6000 千米，重量接近 1000 千克，发动机功率 169 千瓦，大多配备 7.62 毫米的机枪。总体来说，飞机在第一次世界大战中的地位从遭到反对到不受重视，再到被重视，其地位的不断发展也为以后的战争方式奠定了基础。

二战中，飞机开始成为战争的主角。在一战中后期，飞机的战略作用被各个国家所认识，因此到二战开始时，战机已经得到了很好的发展，各种不同作战用途的战机也应运而生，如截击机、歼击机、战斗轰炸机、俯冲轰炸机、鱼雷轰炸机等。

由于二战期间各种舰船 (包括航空母舰) 得到了大范围的使用，这也使得各种舰载机在战斗中具有巨大的发挥空间，往往是各种海战的主导者。飞机性能方面，二战期间的战斗机的最大速度已达 700 千米 / 时，飞行高度达 11 千米，重量达 6000 千克，所用活塞式航空发动机制动功率接近 1470 千瓦。瞄准系统已有能作前置量计算的陀螺光学瞄准具。

二战末期，德国开始使用 Me262 喷气式战斗机，最大飞行速度达 960 千米 / 时。战后，喷气式战斗机普遍代替了活塞式战斗机，飞行的速度和高度都得到了迅速提升。

20 世纪 50 年代初，首次出现了喷气式战斗机空战的场面。苏联制造的米格 -15“柴捆”(Fagot) 和美国制造的 F-86“佩刀”(Sabre) 都采用后掠翼布局，飞行速度都接近音速 (1100 千米 / 时)，飞行高度达 15 000 米。机载武器已发展到 20 毫米以上的机炮，瞄准系统中装有雷达测距器。

F-86“佩刀”(Sabre) 战斗机

带加力燃烧室的涡轮喷气发动机有利于改善飞机外形，因此战斗机的速度很快突破了音速。20 世纪 60 年代以后，战斗机的最大速度已超过 2 倍音速，配备武器已从机炮、火箭发展为空对空导弹。

20 世纪 60 年代中期，以苏联米格 -25“狐蝠”(Foxbat) 和美国 YF-12 为代表的战斗机的速度超过 3 倍音速，作战高度约 23000 米，重量超过 30 吨。但是 20 世纪 60 年代后期越南战争、印巴战争和中东战争的实践表明，超音速战斗机制空战大多是在中、低空，以接近音速的速度进行的。空战要求飞机具有良好的机动性，即转弯、加速、减速和爬升性能。

飞机装备的武器是机炮和导弹并重。因此，此后新设计的战斗机不再过于追求很高的飞行速度和高度，而是着眼于改进飞机的中、低空机动能力，完善机载电子设备、武器和火力控制系统。

到了 21 世纪初，战斗机基本是多功能战斗机，更加强调作战的灵活性，既能同对手进行空战，又拥有强大的对地攻击火力，能以尽量少的架次完成尽量多的任务，在执行任务中能够接受临时赋予的其他任务，甚至能够先空战，然后对地攻击。

飞机的装配工厂

从现代空战的角度来看，未来空中战场不外乎是信息、机动和火力综合优势的争夺。未来战斗机系统之间的整体对抗，将表现为多机编队对信息、火力和机动的综合利用。

从某种角度来说，飞机在近百年来所取得的技术突破几乎都是因为战争的推动。军用飞机的不断蜕变促进了航空航天技术的发展，民用飞机也因此获益匪浅，人们也越来越多地享受到飞机带来的舒适和便利。

空中客车 A321 正在进行组装

波音 777 客机从纽约肯尼迪国际机场起飞

1.2 民用飞机的分类

按飞机用途

按用途可以将飞机分为航空飞机和民用航空飞机。航空飞机是指军队、警察和海关等使用的飞机；民用航空飞机主要是指民用飞机和直升机。民用飞机可分为三种：一是全客机，主舱载人，下舱载货；二是全货机，主舱及下舱全部载货；三是客货混用机，在主舱前部设有旅客座椅，后部可装载货物，下舱内也可以装载货物。

货运飞机

按飞机的构造

按机翼的数量可以将飞机分为单翼机、双翼机和多翼机，单翼机还可细分为上单翼机、中单翼机和下单翼机。按机翼平面形状，飞机可分为平直翼飞机、梯形翼飞机、后掠翼飞机、三角翼飞机、变后掠翼飞机、前掠翼飞机、飞翼式飞机。按尾翼布局形式，飞机可分为正常尾翼飞机和鸭式飞机。尾翼飞机按垂直尾翼的数量，还可分为单立尾飞机、双立尾飞机、V形尾飞机、三立尾飞机和无尾飞机。根据起落架滑行方式的不同，飞机可分为轮式起落架飞机、滑橇式起落架飞机和浮筒式飞机。

协和三角翼飞机

按飞机的发动机

有螺旋桨飞机和喷气式飞机之分。螺旋桨飞机，包括活塞螺旋桨式飞机和涡轮螺旋桨式飞机。活塞螺旋桨式飞机，利用螺旋桨的转动将空气向机后推动，借助其反作用力推动飞机前进。喷气式飞机，包括涡轮喷气式飞机和涡轮风扇喷气式飞机。按飞机的发动机数量划分，有单发（动机）飞机、双发（动机）飞机、三发（动机）飞机、四发（动机）飞机之分。按发动机安装的位置可分为机身内式发动机飞机、翼内式发动机飞机、翼上式发动机飞机、翼下式发动机飞机、翼吊式发动机飞机和尾吊式发动机飞机。

空中国王 B200 双螺旋桨飞机

按飞机的飞行速度

有亚音速飞机和超音速飞机之分，亚音速飞机又分低速飞机和高亚音速飞机。多数喷气式飞机为高亚音速飞机。超音速飞机是指飞行速度超过音速的飞机。民用超音速飞机的代表是法国研制的“协和”超音速飞机。它可爬升到距地面 15 000 ～ 18 000 米的高空，以每小时约 2180 千米的速度巡航，不间断飞行距离为 6230 千米。

世界上第一款超音速客机——图 144 客机

按飞机的航程远近

有远程、中程、近程飞机之别。远程飞机的航程为 11 000 千米左右，可以完成中途不着陆的洲际跨洋飞行；中程飞机的航程为 3000 千米左右；近程飞机的航程一般小于 1000 千米。近程飞机一般用于支线，因此又称支线飞机。中、远程飞机一般用于国内干线和国际航线，又称干线飞机。

An-24 支线客机

按飞机机身的宽窄

可以分为窄体飞机和宽体飞机。窄体飞机一般指飞机机身直径在 3 米到 4 米（10 英尺到 13 英尺）的飞机，机舱一排一般有 2 个到 6 个座位和一条走道。亦被称为单通道飞机。航程不允许进行跨大西洋或者洲际航线飞行的窄体客机又通常被称为支线客机。宽体式飞机通常有多个舱等，外直径 5 米到 6 米(16英尺到20英尺)，并且有两条走道，通常一排能够容纳 7 个到 10 个座位。

空中客车 A380 超宽体客机

第2章 民航客机精选

民航客机是指体型较大、载客量较多的集体飞行运输工具，用于来往国内及国际商业航班。民航客机一般由航空公司运营，主要分为干线客机和支线客机。本章详细介绍了民航客机制造史上影响力最大的三十种型号，并根据核心技术、综合性能、单位造价、建造数量等因素进行了客观公正的排名。

建造数量、服役时间及研制厂商

TOP30　BAe 146 民航客机	
建造数量	387 架
服役时间	1983 年至今
英国宇航公司	英国宇航公司是英国最大的航空制造企业，主要从事军用飞机、民用飞机、导弹、卫星、电子设备、仪表与测试设备以及有关武器系统的研制与生产。几乎垄断了英国军用飞机、航天器和战术导弹的研制与生产

TOP29　ATR 72 民航客机	
建造数量	1000 架
服役时间	1989 年至今
ATR 公司	ATR（法文：Avions de Transport Regional，中文译为“区域运输飞机公司”）公司是一家由意大利及法国合组的飞机制造商，成立于 1981 年，是少数还在研制生产的飞机制造企业，目前已占据大部分涡轮螺旋桨式支线运输机市场

TOP28　福克 F50 民航客机	
建造数量	213 架
服役时间	1987 年至今
福克公司	福克公司是以创始人安东尼・福克命名的一家荷兰飞机制造商，于 1912 年在德国什未林开始运营，并于 1919 年迁至荷兰。在 20 世纪 20 年代和 30 年代时期，福克主导了民用航空市场。福克公司在 1996 年破产，其业务被出售给竞争对手

TOP27 SSJ-100 民航客机	
建造数量	172 架
服役时间	2011 年至今
苏霍伊航空集团	苏霍伊航空集团是俄罗斯联合航空制造公司的一个子公司，前身为 1939 年创立的苏联苏霍伊设计局，总部位于莫斯科

TOP26 EMB-120“巴西利亚”民航客机	
建造数量	354 架
服役时间	1985 年至今
巴西航空工业公司	巴西航空工业公司是巴西的一家航空工业集团，成立于 1969 年，业务范围主要包括商用飞机、公务飞机和军用飞机的设计制造，以及航空服务。现为全球最大的 120 座级以下商用喷气飞机制造商，占世界支线飞机市场约 45% 的市场份额

TOP25 ATR 42 民航客机	
建造数量	484 架
服役时间	1985 年至今
ATR 公司	ATR（法文：Avions de Transport Regional，中文译为“区域运输飞机公司”）公司是一家由意大利及法国合组的飞机制造商，成立于 1981 年，是少数还在研制生产的飞机制造企业，目前已占据大部分涡轮螺旋桨式支线运输机市场

TOP24 DC-3 民航客机	
建造数量	607 架
服役时间	1936 年至今
道格拉斯公司	道格拉斯公司由唐纳德·维尔斯·道格拉斯于 1921 年 7 月创建。在二战期间，道格拉斯公司制造的飞机包括客机、轻型和中型轰炸机、战斗机、运输机、观察机和试验飞行器。1967 年，由于产品质量和资金链发生了问题，最终迫使道格拉斯公司同麦克唐纳飞行器公司合并成为麦道

TOP23　波音 247 民航客机	
建造数量	75 架
服役时间	1933—1937 年
波音公司	波音公司是全球航空航天业的领袖公司，也是世界上最大的民用和军用飞机制造商，作为美国国家航空航天局的主要服务提供商，波音公司运营着航天飞机和国际空间站，还提供众多军用和民用航线支持服务，其客户分布在全球 90 多个国家

TOP22　波音 707 民航客机	
建造数量	865 架
服役时间	1958 年至今
波音公司	波音公司是全球航空航天业的领袖公司，也是世界上最大的民用和军用飞机制造商，作为美国国家航空航天局的主要服务提供商，波音公司运营着航天飞机和国际空间站，还提供众多军用和民用航线支持服务，其客户分布在全球 90 多个国家

TOP21　DC-8 民航客机	
建造数量	556 架
服役时间	1959 年至今
道格拉斯公司	道格拉斯公司由唐纳德·维尔斯·道格拉斯于 1921 年 7 月创建。在二战期间，道格拉斯公司制造的飞机包括客机、轻型和中型轰炸机、战斗机、运输机、观察机和试验飞行器。1967 年，由于产品质量和资金链发生了问题，最终迫使道格拉斯公司同麦克唐纳飞行器公司合并成为麦道

TOP20　波音 717 民航客机	
建造数量	156 架
服役时间	1999 年至今
波音公司	波音公司是全球航空航天业的领袖公司，也是世界上最大的民用和军用飞机制造商，作为美国国家航空航天局的主要服务提供商，波音公司运营着航天飞机和国际空间站，还提供众多军用和民用航线支持服务，其客户分布在全球 90 多个国家

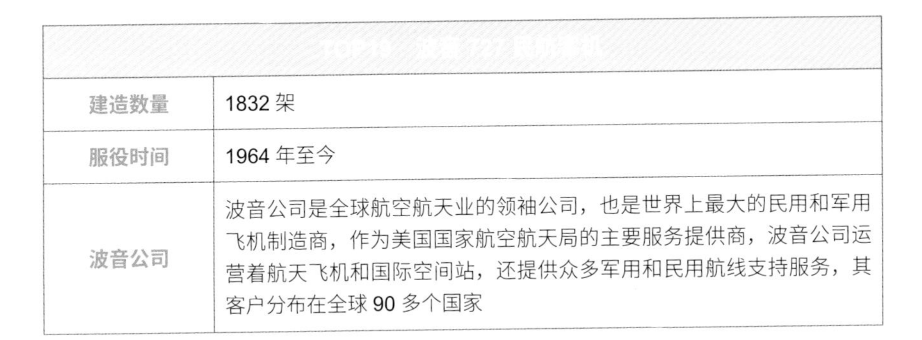

TOP 10 波音727民航客机	
建造数量	1832 架
服役时间	1964 年至今
波音公司	波音公司是全球航空航天业的领袖公司，也是世界上最大的民用和军用飞机制造商，作为美国国家航空航天局的主要服务提供商，波音公司运营着航天飞机和国际空间站，还提供众多军用和民用航线支持服务，其客户分布在全球 90 多个国家

[illegible]	
建造数量	117 架
服役时间	1964—1995 年
德·哈维兰公司	德•哈维兰公司是英国一家从事飞机生产的制造公司，成立于 1935 年，1959 年并入英国霍克·西德利公司，1978 年又合并入英国宇航公司

[illegible]	
建造数量	292 架
服役时间	1967 年至今

[illegible]	
建造数量	30 架
服役时间	1993 年至今
伊留申设计局	伊留申设计局是苏联 / 俄罗斯主要的飞行器设计与制造机构，之后经历私有化，更名为伊留申航空集团；2006 年 2 月，依据俄罗斯总统普京签署的行政命令，伊留申航空集团与俄国其他主要航空、航天设计或制造公司合并成立“联合航空制造公司”

TOP15　波音 737 民航客机	
建造数量	10 584 架
服役时间	1968 年至今
波音公司	波音公司是全球航空航天业的领袖公司，也是世界上最大的民用和军用飞机制造商，作为美国国家航空航天局的主要服务提供商，波音公司运营着航天飞机和国际空间站，还提供众多军用和民用航线支持服务，其客户分布在全球 90 多个国家

TOP14　L-1011“三星”民航客机	
建造数量	250 架
服役时间	1972 年至今
洛克希德公司	洛克希德公司是世界著名航空与宇航公司，也是美国最大的航空航天及国防承包商，在先进的军用飞机方面有独特的贡献，1994 年，洛克希德公司与马丁・玛丽埃塔公司合并，组成洛克希德 - 马丁公司

TOP13　波音 757 民航客机	
建造数量	1050 架
服役时间	1983 年至今
波音公司	波音公司是全球航空航天业的领袖公司，也是世界上最大的民用和军用飞机制造商，作为美国国家航空航天局的主要服务提供商，波音公司运营着航天飞机和国际空间站，还提供众多军用和民用航线支持服务，其客户分布在全球 90 多个国家和地区

TOP12　空中客车 A300 民航客机	
建造数量	561 架
服役时间	1974 年至今
空中客车公司	空中客车公司是欧洲一家飞机制造、研发公司，1970 年 12 月于法国成立，股份由欧洲宇航防务集团公司（EADS）100% 持有。由于在航空市场上的大获成功，被看作是多国合作企业的典范

TOP11 协和式民航客机	
建造数量	20 架
服役时间	1976—2003 年
英国宇航公司	英国宇航公司是英国最大的航空制造企业，主要从事军用飞机、民用飞机、导弹、卫星、电子设备、仪表与测试设备以及有关武器系统的研制与生产。几乎垄断了英国军用飞机、航天器和战术导弹的研制与生产
法国宇航公司	1970 年 1 月 1 日，在法国政府振兴航空工业的方针指导下，法国北方航空公司和南方航空公司正式合并，组建了国营法国宇航公司。法国宇航公司成立后，通过内部大力发展先进航空技术和外国国际合作，取得了非凡的成就

TOP10 图 -144 民航客机	
建造数量	16 架
服役时间	1975—1999 年
图波列夫设计局	图波列夫设计局主要设计轰炸机、运输机。由著名的苏联上将工程师安德烈·尼古拉耶维奇·图波列夫建立，总部位于俄罗斯莫斯科。在俄罗斯的经济改革中，为适应市场竞争的要求，该局与喀山、基辅、塔干诺格、萨玛拉和乌里扬诺夫斯克 5 家批量生产厂组成图波列夫航空科学技术联合体（ANTK），集飞机设计、试制、 生产、销售和售后服务于一体

TOP9 空中客车 A310 民航客机	
建造数量	255 架
服役时间	1983 年至今
空中客车公司	空中客车公司是欧洲一家飞机制造、研发公司，1970 年 12 月于法国成立，股份由欧洲宇航防务集团公司（EADS）100% 持有。由于在航空市场上的大获成功，被看作是多国合作企业的典范

TOP8　波音 767 民航客机	
建造数量	1199 架
服役时间	1982 年至今
波音公司	波音公司是全球航空航天业的领袖公司，也是世界上最大的民用和军用飞机制造商，作为美国国家航空航天局的主要服务提供商，波音公司运营着航天飞机和国际空间站，还提供众多军用和民用航线支持服务，其客户分布在全球 90 多个国家

TOP7　空中客车 A330 民航客机	
建造数量	1505 架
服役时间	1994 年至今
空中客车公司	空中客车公司是欧洲一家飞机制造、研发公司，1970 年 12 月于法国成立，股份由欧洲宇航防务集团公司（EADS）100% 持有。由于在航空市场上的大获成功，被看作是多国合作企业的典范

TOP6　波音 777 民航客机	
建造数量	1646 架
服役时间	1995 年至今
波音公司	波音公司是全球航空航天业的领袖公司，也是世界上最大的民用和军用飞机制造商，作为美国国家航空航天局的主要服务提供商，波音公司运营着航天飞机和国际空间站，还提供众多军用和民用航线支持服务，其客户分布在全球 90 多个国家

TOP5　空中客车 A340 民航客机	
建造数量	380 架
服役时间	1993 年至今
空中客车公司	空中客车公司是欧洲一家飞机制造、研发公司，1970 年 12 月于法国成立，股份由欧洲宇航防务集团公司（EADS）100% 持有。由于在航空市场上的大获成功，被看作是多国合作企业的典范

建造数量	992 架
服役时间	2011 年至今
波音公司	波音公司是全球航空航天业的领袖公司，也是世界上最大的民用和军用飞机制造商，作为美国国家航空航天局的主要服务提供商，波音公司运营着航天飞机和国际空间站，还提供众多军用和民用航线支持服务，其客户分布在全球 90 多个国家和地区

建造数量	9572 架
服役时间	1988 年至今
空中客车公司	空中客车公司是欧洲一家飞机制造、研发公司，1970 年 12 月于法国成立，股份由欧洲宇航防务集团公司（EADS）100% 持有。由于在航空市场上的大获成功，被看作是多国合作企业的典范

建造数量	1558 架
服役时间	1970 年至今
波音公司	波音公司是全球航空航天业的领袖公司，也是世界上最大的民用和军用飞机制造商，作为美国国家航空航天局的主要服务提供商，波音公司运营着航天飞机和国际空间站，还提供众多军用和民用航线支持服务，其客户分布在全球 90 多个国家

建造数量	243 架
服役时间	2007 年至今
空中客车公司	空中客车公司是欧洲一家飞机制造、研发公司，1970 年 12 月于法国成立，股份由欧洲宇航防务集团公司（EADS）100% 持有。由于在航空市场上的大获成功，被看作是多国合作企业的典范

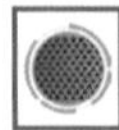

机体尺寸

TOP30　BAe 146 民航客机

机身长度 30.99 米
机身高度 8.61 米
翼展 26.21 米

TOP29　ATR 72 民航客机

机身长度 27.17 米
机身高度 7.65 米
翼展 27.05 米

TOP28　福克 F50 民航客机

机身长度 25.25 米
机身高度 8.32 米
翼展 29 米

TOP27　SSJ-100 民航客机

机身长度 29.94 米
机身高度 10.28 米
翼展 27.8 米

TOP26　EMB-120“巴西利亚”民航客机

机身长度 20 米
机身高度 6.35 米
翼展 19.78 米

TOP25　ATR 42 民航客机

机身长度 22.67 米
机身高度 7.59 米
翼展 24.57 米

TOP24　DC-3 民航客机

机身长度 19.7 米
机身高度 5.16 米
翼展 29 米

TOP23　波音 247 民航客机

机身长度 15.72 米
机身高度 3.8 米
翼展 22.6 米

TOP22 波音 707 民航客机

机身长度 46.61 米
机身高度 12.93 米
翼展 44.42 米

TOP21 DC-8 民航客机

机身长度 57.12 米
机身高度 12.92 米
翼展 45.23 米

TOP20 波音 717 民航客机

机身长度 37.8 米
机身高度 9 米
翼展 28.47 米

TOP19 波音 727 民航客机

机身长度 46.7 米
机身高度 10.3 米
翼展 32.9 米

TOP18 DH 121 "三叉戟"民航客机

机身长度 35 米
机身高度 8.3 米
翼展 28.9 米

TOP17 伊尔 -62 民航客机

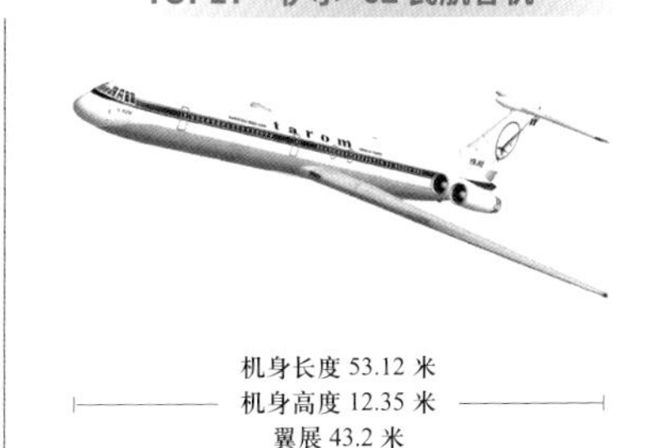

机身长度 53.12 米
机身高度 12.35 米
翼展 43.2 米

TOP16 伊尔 -96 民航客机

机身长度 63.94 米
机身高度 15.7 米
翼展 60.11 米

TOP15 波音 737 民航客机

机身长度 42.1 米
机身高度 4.01 米
翼展 35.7 米

TOP14　L-1011“三星”民航客机

机身长度 54.15 米
机身高度 16.87 米
翼展 47.34 米

TOP13　波音 757 民航客机

机身长度 47.32 米
机身高度 13.56 米
翼展 38.05 米

TOP12　空中客车 A300 民航客机

机身长度 54.1 米
机身高度 16.54 米
翼展 44.84 米

TOP11　协和式民航客机

机身长度 61.66 米
机身高度 12.2 米
翼展 25.6 米

TOP10　图 -144 民航客机

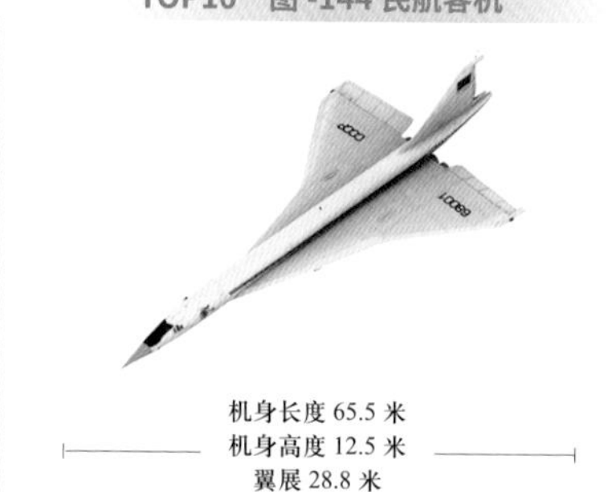

机身长度 65.5 米
机身高度 12.5 米
翼展 28.8 米

TOP9　空中客车 A310 民航客机

机身长度 46.66 米
机身高度 15.8 米
翼展 43.9 米

TOP8　波音 767 民航客机

机身长度 61.4 米
机身高度 5.41 米
翼展 51.82 米

TOP7　空中客车 A330 民航客机

机身长度 58.8 米
机身高度 17.4 米
翼展 60.3 米

TOP6 波音 777 民航客机

机身长度 73.9 米
机身高度 18.5 米
翼展 60.9 米

TOP5 空中客车 A340 民航客机

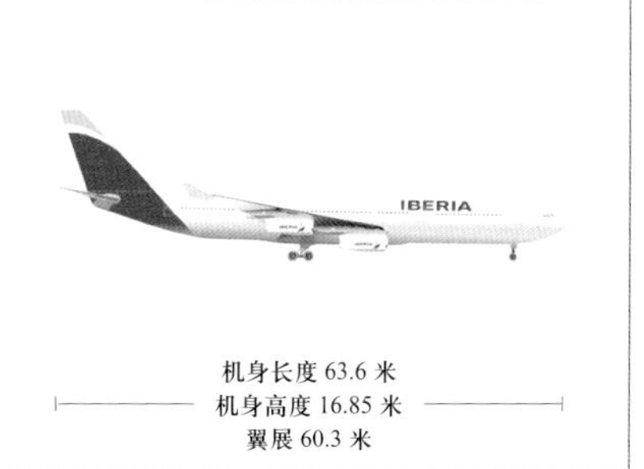

机身长度 63.6 米
机身高度 16.85 米
翼展 60.3 米

TOP4 波音 787 民航客机

机身长度 63 米
机身高度 16.92 米
翼展 60 米

TOP3 空中客车 A320 民航客机

机身长度 37.57 米
机身高度 11.76 米
翼展 34.1 米

TOP2 波音 747 民航客机

机身长度 76.4 米
机身高度 19.4 米
翼展 68.5 米

TOP1 空中客车 A380 民航客机

机身长度 72.72 米
机身高度 24.09 米
翼展 79.75 米

基本性能对比

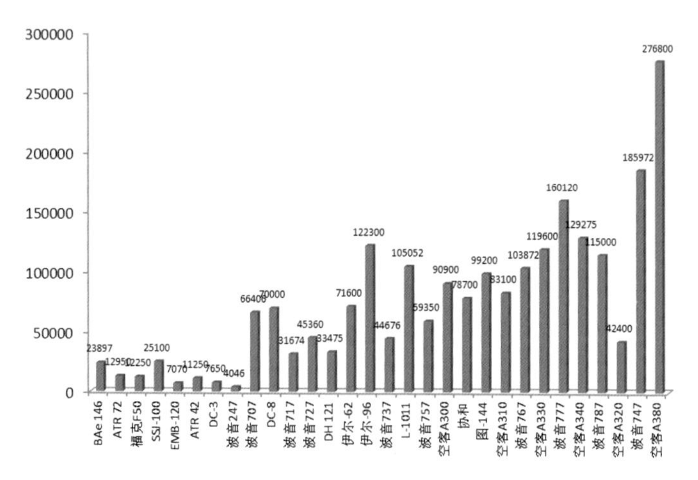

空重对比图（单位：千克）

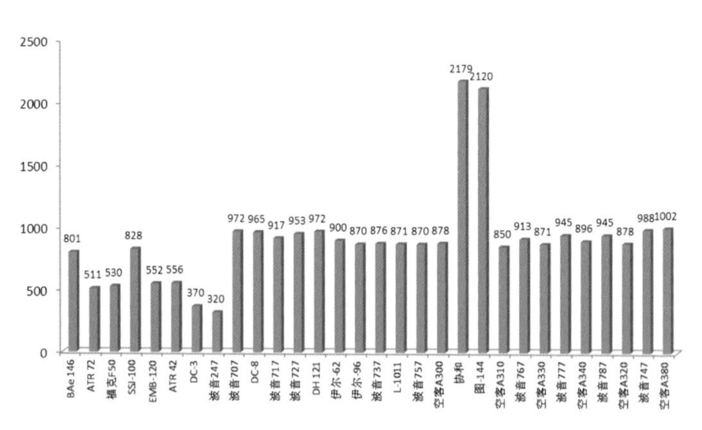

最大速度对比图（单位：千米 / 时）

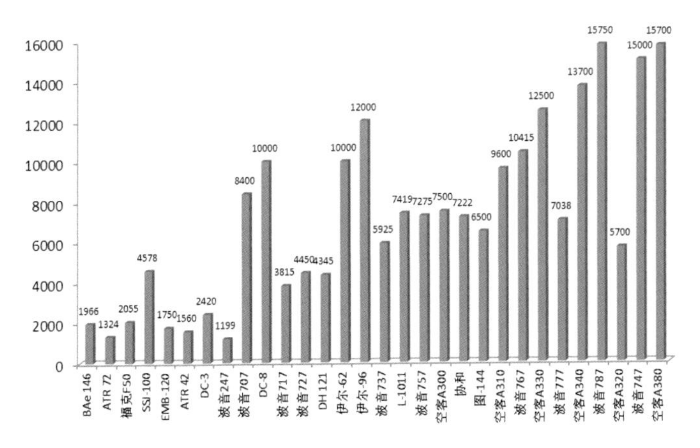

最大航程对比图（单位：千米）

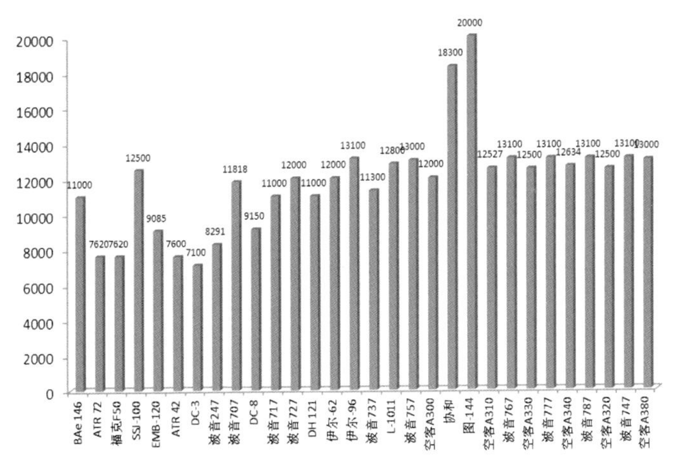

最高升限对比图（单位：米）

30 TOP BAe 146 民航客机

BAe 146 民航客机是英国宇航公司研制的四发动机短程喷气式支线客机。

排名依据

BAe 146 民航客机在市场上以低噪音而闻名，有“耳语喷气机”的美誉，广泛应用在小城市的支线机场，扮演着短途或支线航班的角色。BAe 146 民航客机也因其相对安静的操作而闻名，主要是吸引那些希望为城市内噪声敏感的机场提供服务的运营商。自 BAe 146 民航客机问世以来， BAe 146 民航客机是唯一能够从伦敦城市机场飞行的常规喷气式飞机。

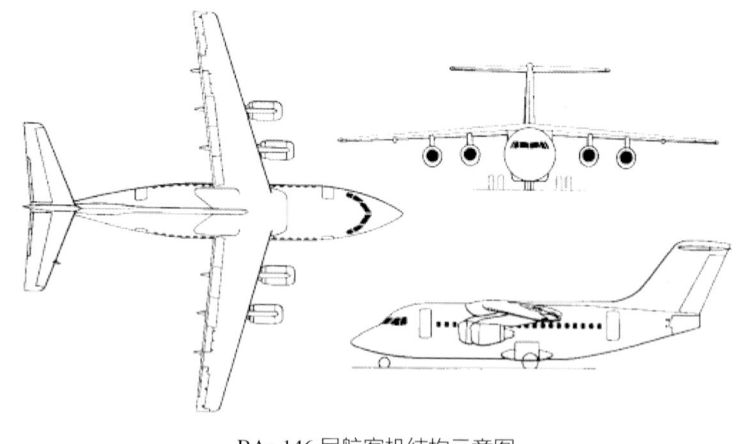

BAe 146 民航客机结构示意图

建造历程

BAe 146 原名 HS.146，是原英国霍克·西德利飞机公司于 1972 年研制的 70 ～ 85 座级的四发动机喷气式客机，后因爆发石油危机而搁置。1977 年 4 月，霍克·西德利与英国飞机公司合并组成英国宇航公司。1978 年 7 月，HS.146 计划以 BAe 146 的新名称起死回生，作为短程支线运输机投入市场。BAe 146 于 1983 年开始交付使用。

英国宇航公司的 BAe 146 民航客机

机体构造

BAe 146 具有高效机翼设计，扰流板和襟翼的面积比同类型的大，采用前三点式起落架。BAe 146 在机身尾部的尾舵下方设有一个带有两个花瓣的大型制动器，在特殊情况下可实现陡降速率。此外，飞机具有全宽翼板扰流器，能在着陆时立即部署。

BAe 146 民航客机正面特写

运输性能

BAe 146 起落性能较好，能在小型机场起降。该机具有使用费用低和噪声小等特点。

与一般支线客机相比，BAe 146 系列具有宽机身优越的旅客座位配置规格，采用每行 5 个座位排列，而不是传统的 4 座位并列。BAe 146 的载客量最高能达到 100 人。

BAe 146 民航客机正在起飞

趣闻逸事

伦敦城市机场跑道非常短，由于在市中心，旁边的高层建筑物很多。这个机场不光没法起降大型的民用飞机，甚至对小型的民用飞机都是残酷的考验，在起飞之后，飞机需要立即以大仰角爬升，不然就会撞上建筑物，在降落的时候不能够以平滑的角度慢慢降落。需要迅速下降，然后让起落架撞击在跑道上，所以从伦敦市的机场起飞降落是一件十分考验技术的事情。

BAe 146 民航客机在高空飞行

ATR 72 民航客机

ATR 72 是法国与意大利合资的飞机制造商 ATR 制造的双螺旋桨民航客机。

排名依据

相比其他飞机，ATR 72 并没有提供空气及电力功能的辅助动力系统 (APU)，而是让右边的二号发动机上的螺旋桨充当刹车装置，让 2 号发动机可以在启动的状态下，不让螺旋桨旋转，仅担任电力和空气的供应。

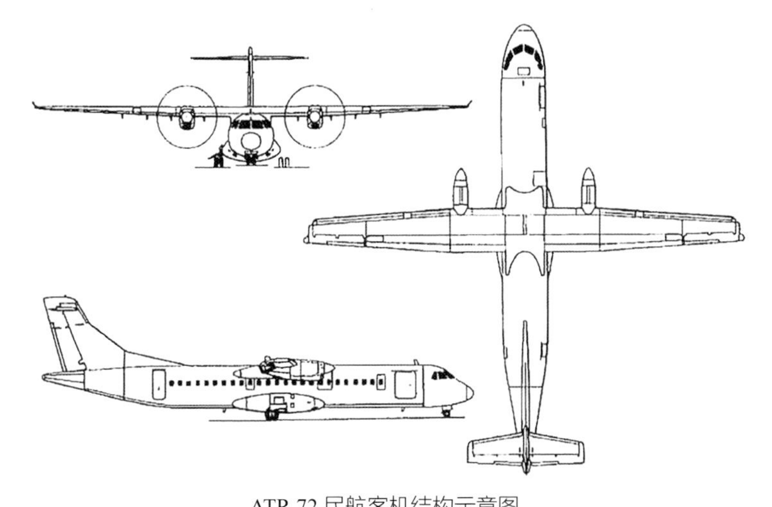

ATR 72 民航客机结构示意图

建造历程

ATR 72 是 ATR 42 的加长型飞机，ATR 公司在 1985 年巴黎航展期间宣布着手这项改型计划。ATR 72 于 1988 年 10 月 27 日首飞，1989 年 10 月 27 日开始交付使用。按 1991 年币值计算，ATR 72 单价为 1190 万美元。ATR 公司原本打算研发 78 座的 ATR 82，但是计划在 1996 年就告吹了。2000 年 4 月，ATR 公司交付第 600 架 ATR 72。

ATR 72 民航客机在高空飞行

机体构造

ATR 72 机身和 ATR 42 相同，但机身长度增加。驾驶舱设备及布局也和 ATR 42 基本相同，但增加了微型发动机监控设备，加油仪表板上有燃油传输装置仪表。客舱各座椅都配有通风口和阅读灯，舱内还备有扩大了容量的空调系统。

ATR 72 民航客机前侧方特写

运输性能

ATR 72 的翼展和机翼面积相比 ATR 42 均加大，机身加长。座舱设置 2 人制驾驶舱。客舱内可安排 64 座、66 座或 70 座，高密度布局时可载客 74 名，排距分别为 81 厘米、79 厘米、76 厘米。其油箱容量更大，航程更远。

伊朗航空的 ATR 72 民航客机

2015 年 7 月 24 日，缅甸蒲甘航空公司一架 ATR 72 双发涡轮螺旋桨飞机，搭载乘客 49 名从曼德勒飞往仰光，在降落时，由于恶劣的天气和暴雨导致飞机冲出跑道，一名僧人手部受轻伤。

ATR 72 民航客机正在起飞

TOP 28 福克 F50 民航客机

福克 F50 为荷兰福克公司研发的双发涡轮螺旋桨支线客机。

排名依据

福克 F50 主要用于中短程旅客运输，采用了相当多的新技术结构和系统，80%以上的配件是新的或修改过的。改装后可执行海上巡逻、侦察、反潜、反舰等任务，巡航速度达到 522 千米／小时。

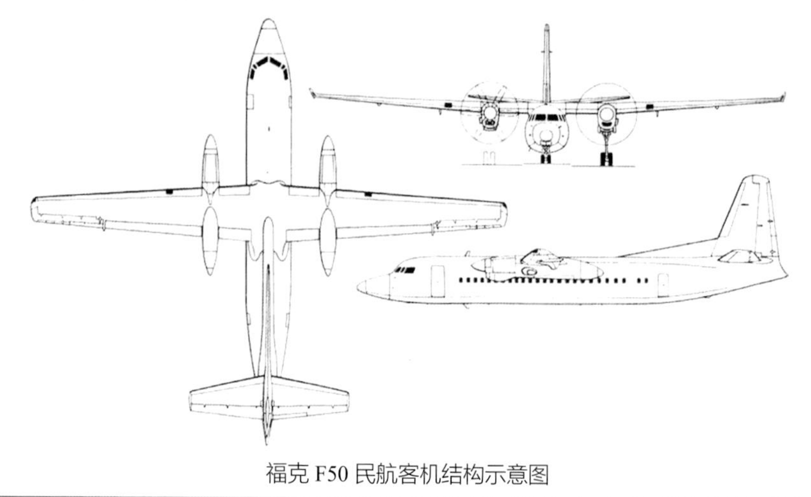

福克 F50 民航客机结构示意图

建造历程

福克 F50 于 1983 年 11 月底开始研制，1985 年 12 月 28 日首次试飞，1987 年 7 月交付澳大利亚安塞特航空公司使用。按 1993 年币值计算，飞机的售价为 1230 万美元。之后，福克公司继续发展加长型——福克 50-200，可乘坐 68 名旅客，1994 年交付使用。

福克 F50 民航客机正面特写

机体构造

福克 F50 的外形尺寸与 F27 基本相同，采用了 F27 经过考验的机体，但在布局上做了改进，结构也做了修改，如将旅客登机门改到前机身左侧，去掉了大的货舱门，增加了客舱窗户。机身采用全金属应力蒙皮破损安全结构，由铰接的圆柱段和铆接的锥形段组成。机头锥、整流罩、前起落架舱门、检查口盖和客舱地板都为复合材料。起落架采用可收放前三点式起落架。前、主起落架均为双轮。主起落架固定在机翼下，液压操纵向后收入发动机短舱后部；前起落架向前收入机头锥内。

运输性能

福克 F50 民航客机有 2 名机组人员，标准客舱布局为 50 座，中央过道，每排 4 座，排距 81 厘米；46 座行政机型，排距 86 厘米；56 座旅游型或 58 座高密度型，排距均为 76 厘米。该机可乘坐 68 名旅客。

福克 F50 民航客机在高空飞行

福克 F50 民航客机前侧方特写

趣闻逸事

截至 2009 年 8 月，仍有 168 架福克 F50 在全球各航空公司与相关单位服役中。

福克 F50 民航客机侧下方特写

27 TOP SSJ-100 民航客机

SSJ-100 是由俄罗斯苏霍伊航空集团研制生产的支线客机。

排名依据

SSJ-100 是苏霍伊进入民航客机领域的一个尝试，在 SSJ-100 客机之前，俄罗斯只有伊尔 -96M/T 一种飞机获得过美国 FAA 的 FAR25 型号证书，因此将 SSJ-100 客机称为“俄罗斯第一种按西方适航标准设计的民用飞机”并不为过。

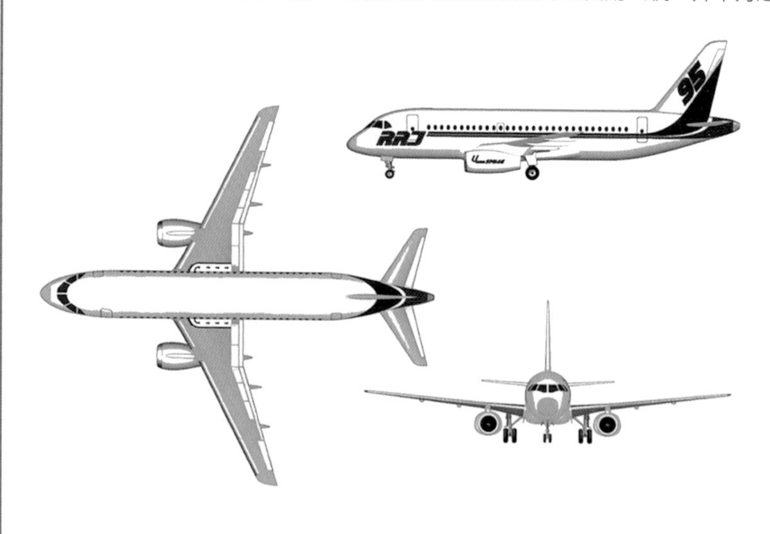

SSJ-100 民航客机结构示意图

建造历程

SSJ-100 初期被命名为 RRJ（Russian Regional Jet），该机从一开始就把目标瞄准了出口市场。该机在研制和生产中引进了许多西方管理理念，气动设计由 19 人完成，其中 5 人负责推导计算，5 人负责性能分析，另外 9 人的工作围绕控制率进行。全部技术人员主要来自苏霍伊航空集团、伊留申设计局和图波列夫设计局，也有一部分是刚从高校毕业的学生。波音公司则以顾问的身份在 SSJ-100 客机项目中扮演了重要角色。

高空飞行的 SSJ-100 民航客机

机体构造

SSJ-100 客机采用后掠翼设计，机身两侧机翼各下挂一台发动机。发动机是由法国斯奈克玛公司和俄罗斯土星研究局联合研制的 SaM146 发动机。该发动机的推力在试验中达到了 8347 千克，大幅超过了设计值。

墨西哥航空的 SSJ-100 民航客机

运输性能

SSJ-100 客机 95 座基本型的售价约为 2800 万美元，比一些国外同类机型的价格低 15% 左右。该机分为基本型和远程型，有 60 座、75 座和 95 座布局，其中 95 座基本型的设计航程 4590 千米。

SSJ-100 民航客机俯视图

趣闻逸事

SSJ-100 项目在俄罗斯的竞争对手包括 90 座的安 -148 和 120 座的图 -334，但是苏霍伊航空集团认为这些机型很难对其构成威胁，在近期这些机型只能占有独联体市场的很小的一部分，它们不能满足现代化空运的要求。

SSJ-100 民航客机正在起飞

26 TOP EMB-120“巴西利亚”民航客机

EMB-120“巴西利亚”是巴西航空工业公司研制的双发涡轮螺旋桨支线客机。

排名依据

EMB-120 的特点是价格便宜、机载设备先进、使用维护费用低，曾是国际支线客机市场上的热销产品，被誉为“巴西航空工业最成功的螺旋桨客机”。

EMB-120“巴西利亚”民航客机结构示意图

建造历程

基于 EMB-110 的成功及 30 座支线客机需求的增长，使巴西航空工业公司在 1979 年 9 月正式展开 EMB-120“巴西利亚”的研发，1980 年 4 月木质样机在巴西首次展出。原型机在 1983 年 7 月 27 日首飞，1985 年 10 月投入服务。1999 年 6 月巴西航空工业公司交付了 350 架 EMB-120，当时共有 13 个国家的 32 家航空公司使用该机型。后来巴西航空工业公司更以 EMB-120 为基础发展一款支线客机 ERJ-145 客机系列。

EMB-120“巴西利亚”民航客机在高空飞行

机体构造

EMB-120 采用低翼设计，机身采用半硬壳设计，机翼、襟翼、垂直尾翼、水平尾翼、机鼻和机尾采用少量复合材料构造，左、右副翼和每一升降舵均装有调整片。起落架采用液压可收放前三点式，双轮结构，装油气式减震器；均向前收起（主轮收入发动机短舱），前轮可转弯操纵。

EMB-120“巴西利亚”民航客机正在降落

运输性能

EMB-120 客舱采用“2+1”座位排列设计，有舱顶行李架、座舱空调并增压，主客舱可容纳客舱服务员和 30 名乘客。增压行李舱在客舱后部，左侧有一个大货舱门，可改成全货运型、行政型或军用运输型，还可改成载 24 名或 36 名乘客并在扩大的后部行李舱中载 900 千克货物的混合布局型。

EMB-120“巴西利亚”民航客机后侧方特写

趣闻逸事

EMB-120 的第一家用户是美国东南大西洋航空公司，共订购 10 架，第一架飞机于 1985 年 8 月交付。

EMB-120“巴西利亚”民航客机前侧方特写

ATR 42 民航客机

ATR 42 是法国宇航公司和意大利阿莱尼亚公司联合研制的双发涡轮螺旋桨式支线运输机。

排名依据

ATR 42 飞机是按美国联邦航空条例第 25 部 (FAR25) 和欧洲联合适航条例第 25 部 (JAR25) 设计的，结构设计使用寿命 25 年。在气动力和结构设计以及机载设备等方面均采用了若干先进技术，并使用了计算机辅助设计和制造技术。设计过程中，为验证计算机理论设计结果，进行了约 4000 小时的风洞试验。

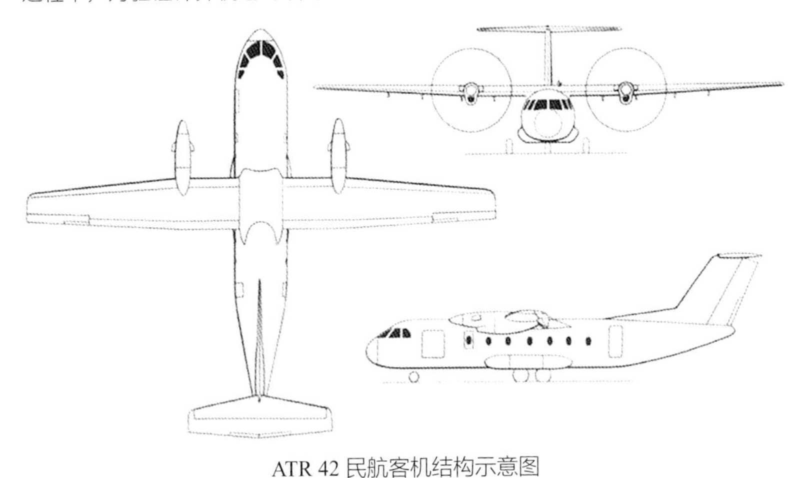

ATR 42 民航客机结构示意图

建造历程

ATR 42 民航客机在高空飞行

1980 年，法国宇航公司和意大利阿莱尼亚公司达成协议，决定共同研制一种中、小型支线客机。1981 年，两家公司合组 ATR 公司。第一架原型飞机于 1984 年 10 月首飞，第一架生产型飞机于 1985 年 4 月首飞。1985 年 12 月开始交付，用户有法国、意大利、荷兰、丹麦、芬兰和美国的多家航空公司。

机体构造

ATR 42 民航客机底部特写

ATR 42 客机采用普通半硬壳式破损安全结构，主要由轻合金部件构成，结构设计使用寿命 25 年。ATR 42 采用液压收放前三点式，均为双轮，每个起落架都使用一个油—气减震器。前轮向前收起，主轮向内收入机身及大型起落架整流罩内。主起落架装有多盘式刹车装置和防滑装置。主轮和前轮均为无内胎机轮。

运输性能

ATR 42 客机基本设计标准是经济性好、起落距离短、具有在 II 类气象条件下的仪表着陆能力、全增压客舱、具有宽体客机的舒适性等。ATR 42 客舱 42 座，排距 81 厘米。也可安排 46 座、48 座、50 座，排距 76 厘米，每排 4 座，中间设过道，载客量 42 人。

加拿大航空的 ATR 42 民航客机

趣闻逸事

ATR 是法文和意大利文“区域运输机”的编写，42 是基本型客机的载客数。

ATR 42 民航客机正面特写

TOP 24 DC-3 民航客机

DC-3 是美国道格拉斯公司研制的一款固定翼螺旋桨驱动的民航客机。

排名依据

DC-3 民航客机的飞行速度和距离改变了 20 世纪 30 年代和 40 年代的航空运输业。它对航空业和二战的持久影响使它成为最重要的运输飞机。因在二战中的卓越表现，DC-3 一共生产了 13 000 余架，这在民航史上是空前的。与同时期其他客机相比，DC-3 的载客量增加 1 倍左右，运行成本大幅降低，一举扭转了航空公司经营客运亏损的局面，民用航空客运业务从此无须补贴就可独立发展。

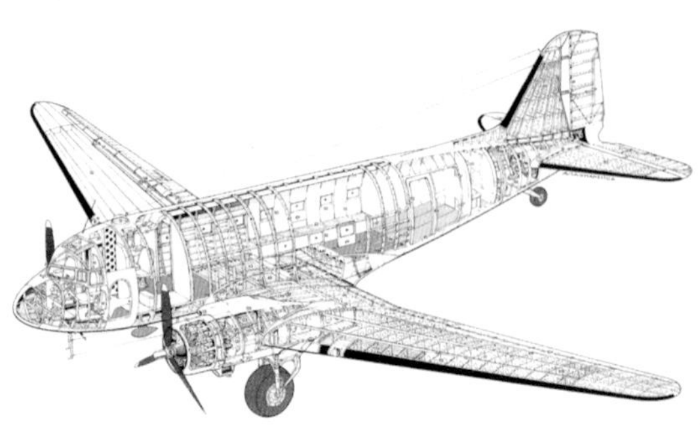

DC-3 民航客机结构示意图

建造历程

20 世纪 30 年代，美国航空公司要求对 DC-2 进行改进，DC-3 就是在这样的背景下产生的。1936 年 6 月，美国航空公司依靠 DC-3 首次开办纽约和芝加哥之间的不着陆航运业务。1938 年，DC-3 成为美国所有大航空公司的主力飞机。由于其性能优越，DC-3 被世界各国航空公司大批购买。据报道，到二战前夕，世界各国乘坐飞机旅行，90% 以上都是用 DC-3 飞机。二战爆发后，DC-3 曾被盟军征召为军机作战，军用的 DC-3 被称为 C-47。

DC-3 民航客机在瑞典上空飞行

机体构造

DC-3 民航客机在 DC-2 型客机的基础上，机身加大，增加了运载能力，打破了多种客机飞行速度和载货记录。DC-3 装有 2 台普惠 R1830“双黄蜂”星形活塞式发动机，只需在中途加一次油便能横越美国东西岸，再加上安装了首次于飞机上出现的空中厨房，以及能在机舱设置床位，为商业飞行带来了革命性的突破。

正在起飞的 DC-3 民航客机

运输性能

DC-3 性能比前代的飞机更稳定，运作成本更低，维修保养容易。除了运载旅客和货物等基本任务之外，DC-3 还作为救护机、滑翔机牵引机、空中指挥所、水陆两用机、滑橇式飞机、飞行火炮平台、救火机、农业喷洒机，甚至轰炸机。

保存在博物馆中的 DC-3 民航客机

在瑞典和南非，有人将报废的DC-3机身改装成餐馆；在日本，被改装成小旅馆；在巴基斯坦，被改装成夏令营营房。在美国加利福尼亚州，一位名叫斯莫克·诺兰德的人将他发现的丢弃的DC-3下半部机身改装成可移动式住房。

DC-3 的军用版本——C-47 运输机

波音 247 民航客机

波音 247 是波音公司研制的第一架真正现代意义的民航客机。

排名依据

波音 247 是世界上第一架具有全金属结构和流线型外形的商用民航飞机。在波音 247 问世之前，世界各国航空公司使用的客机多为木制结构，罩以蒙布，尽管也有一些全金属结构飞机，但面临外罩蒙布、起落架不能收起等问题。波音 247 完全摆脱了旧时代的束缚，被认为是新一代客机的里程碑之作。

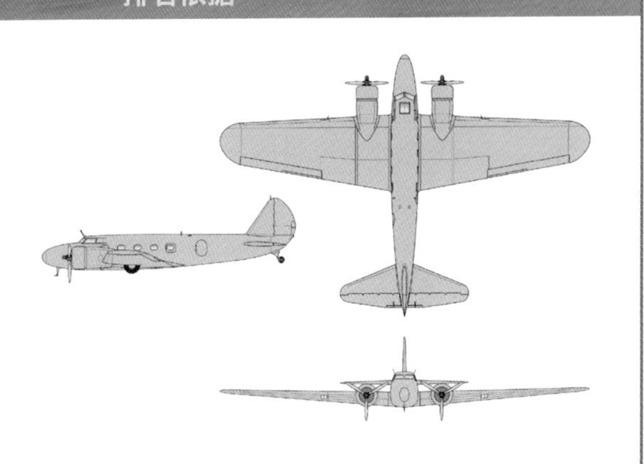

波音 247 民航客机结构示意图

建造历程

1929 年到 1933 年，全世界建立了 100 多条客运航线，但这些航线的平均寿命都在一年左右，原因是没有适用的飞机。1933 年，美国波音公司在此前研制成功的 B-9 轰炸机基础上发展新的全金属张臂式单翼飞机，代号为“波音 247”，该机于 1933 年 2 月 8 日搭载着 10 名乘客，在美国华盛顿州西雅图进行了首次试飞。1933 年 5 月 22 日进入航线服役。

保存在博物馆中的波音 247 民航客机

机体构造

波音 247 采用双发全金属张臂式单翼布局，成为喷气式客机出现前螺旋桨客机的经典样式。为了减小阻力、提高速度，波音 247 采用了一系列措施：可收放起落架，大功率风冷发动机，在后续改型上还采用了变距螺旋桨。

波音 247 民航客机上方视角

运输性能

除了出众的高速性能之外，波音 247 还具有极强的舒适性，机内可搭载 10 名乘客和 3 名机组成员，均配置了舒适豪华的长毛绒座椅。由于采取了多种降噪措施，舱内振动噪声都控制在很低水平。

波音 247 民航客机在高空飞行

趣闻逸事

波音 247 飞机直到二战期间一直活跃在民用航线中，当时还有几架被改装成C-73运输机和教练机。加拿大皇家空军第 121 中队在战争早期运行了 7 部波音 247D 型作为中型运输机。

波音 247 民航客机侧面特写

TOP 22 波音 707 民航客机

波音 707 是美国波音公司研制的一款中型民航客机。

排名依据

波音 707 是美国波音公司在 20 世纪 50 年代发展的波音系列飞机首部四发喷气式民航客机。这是世界第一部在商业上取得成功的喷气民航客机，凭着波音 707 的成功，波音公司执掌民航客机生产了接近半个世纪，之后发展出各型号 7x7 喷气式客机。波音 707 是能够横越大西洋的大型客机。今天所有民航客机都有的后掠翼、下挂引擎都最先在波音 707 上出现。波音 707 操作成本比当时的活塞引擎飞机低数倍，这是它之所以成功的最主要原因。

波音 707 民航客机结构示意图

建造历程

波音 707 的原型机编号为 367-80，1954 年 7 月 15 日首次试飞。不久，波音公司在原型机的基础上为美国空军研制出 KC-135 空中加油机，并大量生产。经美国空军同意，1957 年在 KC-135 的基础上发展成民用客机波音 707，同年 12 月首次试飞，1958 年开始交付使用。波音 707 的操作成本比当时的活塞引擎飞机低数倍，这是它取得成功的最主要原因。波音 707 最后一架民用型飞机于 1978 年交付使用。2013 年，伊朗萨哈航空使用的波音 707 被停飞，标志着该客机彻底退出民航市场。

波音 707 民航客机正在起飞

机体构造

波音 707 机身由四个部分组成，分别是机鼻至首个机门、机身前半部至机翼后缘、机身后半部至后耐压舱壁，最后是机尾。刹车系统由液压操控，设有防滑系统。波音 707 采用后掠式下单翼，其后掠式垂直尾翼顶端装有天线，水平尾翼靠下安装。四台发动机布置在机翼两侧。

波音 707 民航客机在高空飞行

运输性能

波音 707 的乘客量约为 219 人（经济、商务两级）或 258 人（一级），主要市场是长途主干线。以往飞机制造商会每排座位都配置一个窗口，但波音 707 则是确保每个机身骨架都有一个窗口，窗口虽然变小了，但乘客可多享用一个窗口。此外，波音 707 的行李架是可关闭的，比开放式行李架有更多储存空间。

停在机场的波音 707 民航客机

趣闻逸事

1980 年，美国空军取得约 250 架二手波音 707 客机，为 KC-135 空中加油机提供零件。20 世纪 90 年代末，大部分波音 707 都退出客运服务，但仍有 707 货机继续服役。

波音 707 民航客机进行降噪试验

TOP 21 DC-8 民航客机

DC-8 是麦道公司研制的四发动机喷气式民航客机。

排名依据

DC-8 是 20 世纪 50 年代波音 707 的最大竞争对手，虽然晚于波音 707 投入运营，但 DC-8 客舱更宽大，并可以不经停地横跨大西洋飞行。由于 DC-8 可运载的货物量较波音 707 稍多，仍有数十架更换发动机后的 DC-8 在使用，而波音 707 则在 2000 年左右停止了其商业运营。

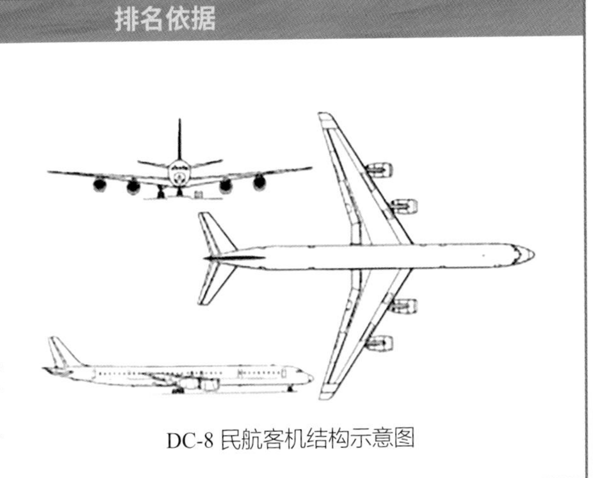

DC-8 民航客机结构示意图

建造历程

DC-8 是麦道公司为了与波音 707 竞争而研发的，于 1955 年 6 月开始设计，1958 年 5 月 30 日首飞，1959 年 9 月交付投入使用。20 世纪 60 年代中期，陆续发展了几种改变机体结构的 DC-8 客机系列。DC-8 于 1972 年停产，被更大的 DC-10 所取代。

日本航空的 DC-8 民航客机

机体构造

DC-8 机身窄长，采用后掠式下单翼，翼下吊挂 4 台发动机，具有后掠式垂直尾翼和下置水平尾翼。早期型 DC-8 生产了 5 种不同的型号，各型号几何尺寸、气动特点和主要系统基本相同，主要区别是选用不同的发动机。其中 DC-8 远程型，燃油量加大，加强了机翼、后机身、尾翼和起落架。

DC-8 民航客机正在起飞

运输性能

DC-8-10 是麦道 DC-8 的基本型号，载客量为 176 名，起飞总载重为 123 吨，共生产了 28 架。现时仅有的 DC-8，多数都被改为货机。

DC-8 民航客机前侧面特写

除了用作民航客机外，DC-8 在法国、西班牙等地也作为公务用机。部分 DC-8 客机还被美国海军使用。

DC-8 于 1958 年首次飞行

波音 717 民航客机

波音 717 是波音公司最小型的双发动机喷气式民航客机。

排名依据

波音 717 是波音公司在南加州长滩厂房所制造的最后一款固定翼商用客机。2006 年最后一架波音 717 客机出厂，结束了麦道公司长滩工厂生产客机的悠久历史。最早使用波音 717 的航空公司对于该款飞机的可靠度相当满意，乘客也偏好该型飞机，于是航空公司下了更多的订单。在随后的几个月，波音 717 更加受到肯定。波音公司也对许多大型的航空公司积极地推销波音 717 飞机，其中包括德国汉莎航空与美国西北航空，尽管该时西北航空已拥有为数不少的 DC-9 客机。

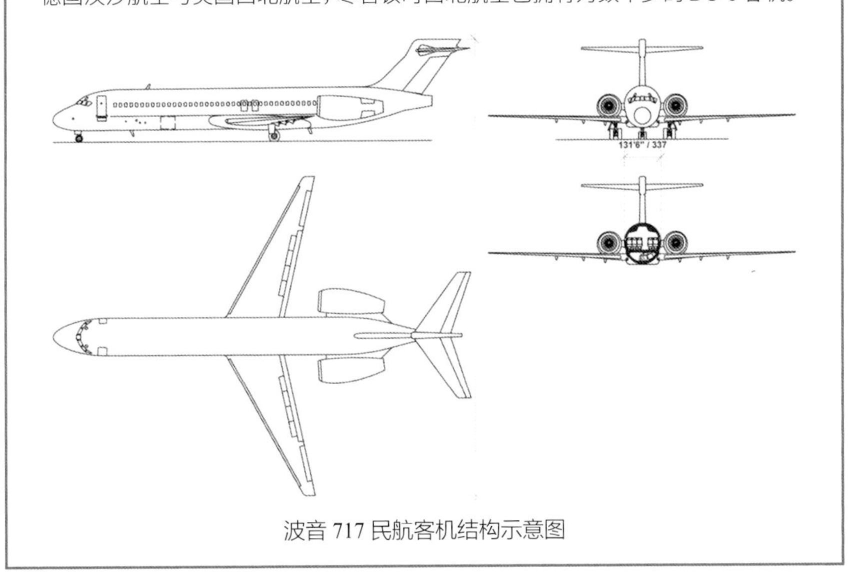

波音 717 民航客机结构示意图

建造历程

波音 717 的前身是美国原麦克唐纳•道格拉斯公司的 MD-95（麦道被波音并购前）。1997 年，麦道公司被波音公司并购后，波音公司继续 MD-95 计划，并且在 1998 年将其改名为波音 717。1999 年 9 月，波音 717 正式投入运营服务。2006 年最后一架波音 717 客机出厂，总生产数量为 156 架。

机体构造

波音 717 虽然主要承袭 DC-9/MD-80，但最大的不同是波音 717 配备线传飞控系统。机身后部两侧布置有两台劳斯莱斯 BR715 发动机。

波音 717 驾驶舱配备有六组液晶显示器与先进的计算机。安装了 IIIA 类仪器自动进场着陆系统，航空公司还可选择 IIIB 类自动着陆系统和新型空中导航系统。座舱面板设置一组电子仪器控制系统，两组飞行管理系统，一组故障显示系统，以及一组全球定位系统。此外，航空公司还可以选购第三类仪器自动进场落地系统。

波音 717 民航客机正在起飞

波音 717 民航客机前侧方特写

运输性能

波音 717 客舱采用每排 5 个座位的布局，二级客舱布局时可载客 106 名。商务舱与经济舱之间的隔板可以移动，使航空公司能很快地对客舱座位进行调整。波音 717 具有大尺寸的头顶行李箱，座位宽敞，腿部空间比较大。

波音 717 主要用于短程高频率的航线，具有许多支线飞机的特性，其结构简单、重量轻，不需要长跑道和大型空港设备，它自带客梯和货物装卸系统（选装设备），不需要地面支援设备，加油时也不用升降机和梯子。

停放在悉尼国际机场的波音 717 民航客机

波音717只生产了156架。由于波音717客机已经停产，这也使它成为波音进入喷气式客机年代后，唯一产量确定不及一千架的喷气式商用飞机。

夏威夷航空的波音717民航客机

19 TOP 波音727民航客机

波音727是波音公司研制的三发中短程民航客机。

排名依据

波音727是美国波音公司的第二款喷气式客机，是世界上首款投入商业运营的三发喷气式民航飞机，在被波音737取代以前，是世界上最受欢迎的民航飞机之一。

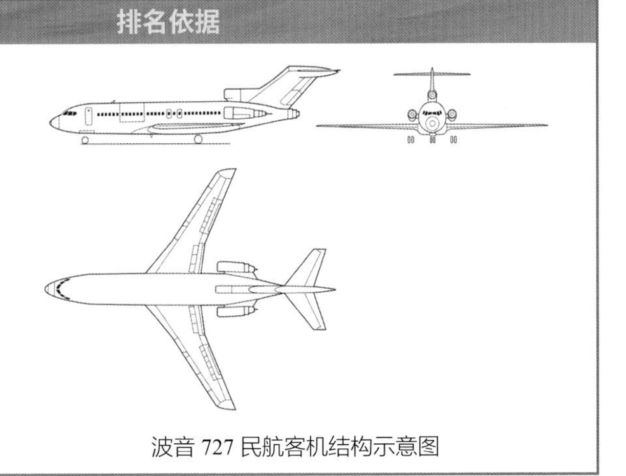

波音727民航客机结构示意图

建造历程

波音公司于 1956 年 2 月开始进行方案论证，1959 年 6 月开始设计工作。1964 年 2 月，首架波音 727 交付使用。1971 年，波音 727 的销量超过了波音 707。1974 年，第 1000 架波音 727 交付，成为历史上第一款销量突破 1000 架的喷气式民航客机。1984 年，最后一架波音 727 出厂。

波音 727 民航客机正在起飞

机体构造

波音 727 的机身大致上沿用波音 707 的机身设计，但机身下半部比波音 707 深 3 米。此举除了降低开发成本外，还更使两种机型有零件共通性，而且拥有比当时其他同级飞机更宽阔的机舱空间。为了方便生产，机身被分为四个部分生产，生产完成后才运到波音伦顿厂房组装。波音 727 采用三开缝后缘襟翼，内侧前缘克鲁格襟翼，外侧前缘缝翼，飞机性能得到极大提升。在机尾后方设有一条下放式登机梯，使飞机可以不用外接登机桥或楼梯车。

在海上飞行的波音 727 客机

运输性能

加长机身的波音 727 拥有比当时其他同级飞机更宽阔的机舱空间，座椅可安排“3+3”的每排 6 个座位，潜在利润比每排 5 座位的对手高出 12%。波音 727 设有辅助动力单元，使其临时在停机坪内可以不用外接机场地勤的发电机启动发动机，也可为飞机提供所需电源、液压及空调动力。波音 727 还可在没有地面辅助设备以及过去从未起降过喷气式客机的机场起降。

高空飞行的波音 727 客机

1991 年 1 月 13 日，在美国联合航空公司服役的第一架波音 727 退役，并涂装改成最初的样式送到西雅图飞行博物馆供人参观。

波音 727 客机侧方特写

18 TOP DH 121“三叉戟”民航客机

DH 121“三叉戟”是原德·哈维兰公司研制的一款三发短程民航客机。

排名依据

DH 121“三叉戟”是世界上第一种具备在恶劣气象条件下全自动着陆能力的民航客机，改进了商业航空服务可靠性，提高了飞行安全标准。和其他同时代的一些欧洲设计的飞机相比，都是仅针对国内或欧洲的需要，而没有考虑必须进入世界最大的民用航空市场——美国。美国同行对 DH 121“三叉戟”的评价是：一款设计得很好的飞机，可惜在尺寸、航程和动力方面太保守。

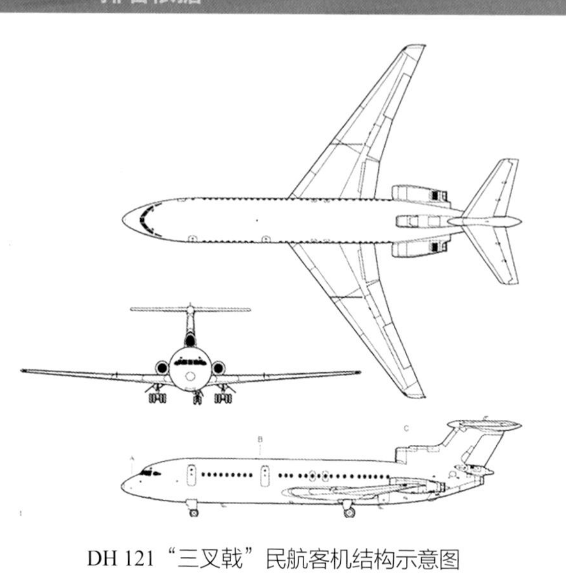
DH 121“三叉戟”民航客机结构示意图

建造历程

1956 年 7 月，英国欧洲航空公司招标，寻找一种中短程喷气式民航客机。最终，德·哈维兰公司的 DH 121 方案竞标成功。1960 年，德·哈维兰公司并购至霍克·西德利公司，英国欧洲航空公司主席给该机起了“三叉戟”的外号。1962 年 1 月 9 日，“三叉戟”完成首次试飞，并出现在同年的范堡罗航展上。1964 年 4 月 1 日，该机开始在英国欧洲航空公司执行飞行任务。

DH 121“三叉戟”民航客机正在起飞

机体构造

“三叉戟”客机采用半硬壳式机身，全金属（铝合金）蒙皮。机翼为悬臂式后掠下单翼，全金属结构，机翼前缘后掠 35 度。机翼中有整体油箱，“三叉戟”客机所有燃油箱都置于机翼中。T 形尾翼，全动式水平尾翼。“三叉戟”客机采用液压可收放前三点式起落架。该机装备三台涡轮风扇发动机，因为发动机的推力线靠近机身轴线，当一台发动机失效时，造成的偏航力矩也较小。

运输性能

“三叉戟”客机客舱除标准布局外，还有载客较多的混合布局和高密度布局。客舱在 4 座和 6 座一排的混合布局时可设 75 个旅客座椅，全部 6 座一排时可设 95 个经济舱座椅。

DH 121“三叉戟”民航客机在高空飞行

博物馆中的 DH 121“三叉戟”民航客机

趣闻逸事

给飞机取名“三叉戟”，据说设计人员的灵感是来源于飞机有三套独立的飞行控制系统和三台发动机。

DH 121“三叉戟”民航客机侧面特写

伊尔 -62 民航客机

伊尔 -62 是苏联伊留申设计局研制的四发动机远程喷气式客机，北约代号称为“文豪”。

排名依据

伊尔 -62 是苏联第一款装备国际标准航行灯的客机，在进行首飞后，伊尔 -62 一度成为当时世界上最大的喷气式客机。由于伊尔 -86 和伊尔 -96 远程客机在商业上的失败，同时其他新型远程客机数量较少，伊尔 -62 及其改进型号继续充当俄罗斯民航运营远程国际航线的主力，这些飞机大多安装了新型导航、通信系统及降低噪音和污染的发动机短舱，以满足有关适航规定。

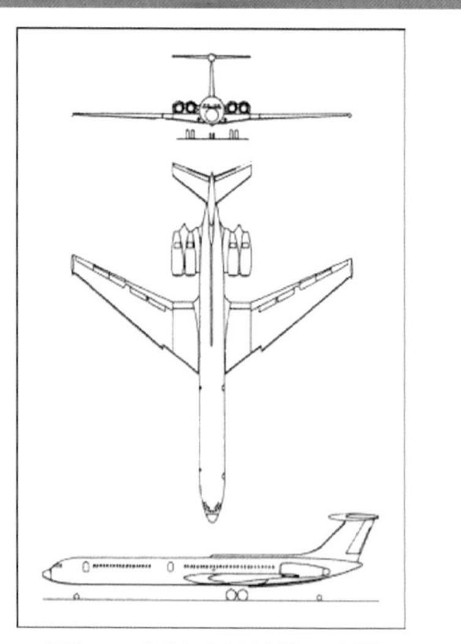

伊尔 -62 民航客机结构示意图

建造历程

伊尔-62于1960年宣布其计划，1963年1月作首次飞行。1967年9月15日，伊尔-62首次飞莫斯科至蒙特利尔航线，1968年7月开始飞莫斯科至纽约航线，后来代替图-114从莫斯科飞伦敦、巴黎、东京等航线，成为苏联民航主要国际航线客机。

波兰航空的伊尔-62民航客机

机体构造

伊尔-62外形最显著的特点是采用T形尾翼，后机身左右两侧各并排安排两台发动机。机身采用全金属半硬壳式结构，截面呈圆形。由于机尾安装发动机位置的影响，采用高平尾布局，增加了垂直尾翼结构。机体出现空载与满载的重心移动距离较大的问题，装卸货物时可放下液压操纵的双轮支柱支撑后机身。前起落架为双轮，主起落架为四轮小车式。

伊尔-62民航客机前面特写

运输性能

伊尔-62客舱布置有3种：分别可载186人、165人和114人。两个增压的行李舱和货舱位于机翼前后的地板下面，机尾内部行李舱为非增压舱。前舱可装9个集装箱，后舱可装5个集装箱。两舱均可装零散货物。

伊尔-62民航客机正在起飞

相比于其他新型远程客机，伊尔 -62 及其改进型号的运营成本相对较高。2008 年金融危机之后，仍在运营的伊尔 -62 及其改进型号的数量大大减少。

俄罗斯政府专机的伊尔 -62 客机

16 TOP 伊尔 -96 民航客机

伊尔 -96 是伊留申设计局研发的四发远程宽体民航客机。

排名依据

伊尔 -96 是苏联 / 俄罗斯生产的首架宽体民航客机，通过了一系列严格的测试和远程试飞，莫斯科—堪察加—彼得罗巴甫洛夫斯克—莫斯科试验航线全长 14 800 千米，飞机在彼得罗巴甫洛夫斯克不着陆仅用 18 小时 9 分钟就飞完了全程。驾驶它的飞行员表示，该机比西方竞争对手更可靠和易于操作。伊尔 -96 有着非常好的安全记录，在其飞行过程中从未发生过任何事故，至今仍保持着零伤亡。

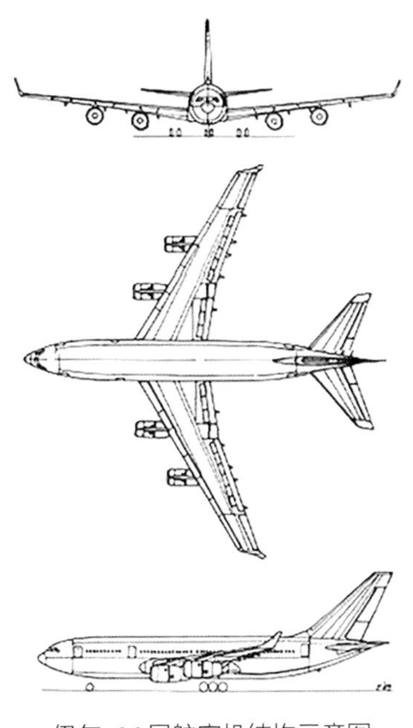

伊尔 -96 民航客机结构示意图

建造历程

第一架伊尔 -96 原型机在 1988 年 9 月 28 日首飞。1993 年，伊尔 -96 投入商业运营。由于苏联解体后伊留申设计局资金出现问题，伊尔 -96 交货缓慢，发展受阻。伊尔 -96 有三种不同的型号：伊尔 -96-300、伊尔 -96M/T 和伊尔 -96-400。

机体构造

伊尔 -96 采用普通半硬壳式轻铝合金圆形截面结构，主驾驶舱和地板下货舱的地板为蜂窝结构。有 1 个前起落架和 3 个主起落架。双轮式前起落架向前收起，3 个 4 轮小车式主起落架，2 个向后收入翼根 / 机身整流罩内，第 3 个主起落架装在机身下中部，位置比其他两个主起落架稍靠后，可自身旋转 20 度向前收入机身腹部。

伊尔 -96 民航客机正在降落

伊尔 -96 民航客机正在起飞

运输性能

伊尔 -96 客舱可载客 300 人。每排 9 座。三级混合型客舱布局载客 235 人。下层舱设有一个前货舱，可放置 6 个 LD3 集装箱，机翼后的中货舱可放置 10 个 LD3 集装箱或货盘。

伊尔 -96 民航客机在工厂进行组装

伊尔 -96-300 被选中作为俄罗斯总统弗拉基米尔 · 普京的 VIP 专机。

伊尔 -96 民航客机在高空飞行

TOP 15 波音 737 民航客机

波音 737 是波音公司生产的双发中短程喷气式民航客机。

排名依据

波音 737 民航客机自研发以来 50 年销路长久不衰，成为民航历史上最成功的窄体民航客机系列之一。新一代波音 737 和传统型波音 737 之间具有驾驶舱通用性，机组人员的驾驶资格是相同的，在零备件、地面支援设备和地面操作方面也有通用性。这为航空公司节约很多费用。新一代波音 737 订单中近 60% 都来自传统型波音 737 的用户。

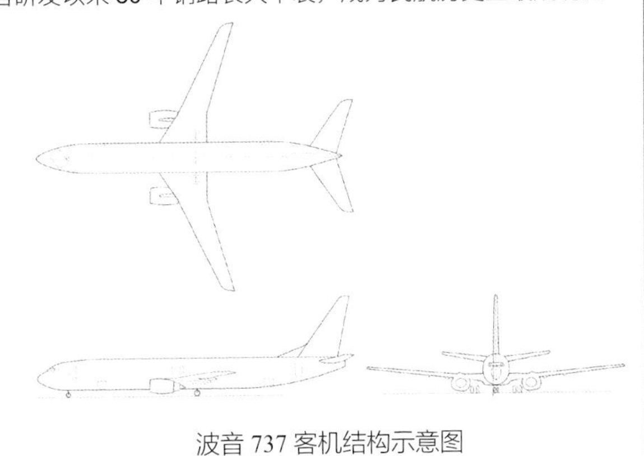
波音 737 客机结构示意图

建造历程

波音 737 计划在 1964 年展开，1967 年 4 月原型机首次试飞。第一个型号波音 737-100 于 1968 年 2 月投入服务。20 世纪 80 年代，波音公司着手研发第二代 737。20 世纪 90 年代，波音公司又开始陆续第三代 737 的研制工作。截至 2013 年，波音 737 已生产 7500 余架，并仍有超过 3000 架的订单等待交付。

波音 737 客机在高空飞行

机体构造

波音 737 采用了常规布局，机身采用铝合金半硬壳式结构，在最初设计上尽量多地采用波音 727 的部件和组装配件，以降低其生产成本和价格。与过去的波音飞机不同，波音 737 在机身蒙皮内铰接有格形加强板，每排连接件处的蒙皮为双层，以改进机身的疲劳特性。设计之初，波音 737 就已确立只需正副驾驶两人的驾驶舱操作方式。由于飞机航程较短，巡航速度和高度较小，因此采用大翼载和较小后掠角。起落架采用液压可收放前三点式，应急时可靠重力自行放下。

2018 年范堡罗航展上的波音 737 客机

运输性能

波音 737 主要针对中短程航线的需要，具有可靠、简捷、极具运营和维护成本经济性的特点，但它并不适合进行长途飞行。波音 737 的结构和系统有 60% 与波音 727 相同，甚至厨房和座椅都可以互换，尤其是一排 6 个座位的布置为波音 737 的优胜之处，它的对手一排只够容纳 5 个座位。波音 737 的总载客量能够达到 215 人。

波音 737 客机底部特写

趣闻逸事

2016 年 1 月 29 日，波音公司在西雅图向厦门航空交付了出厂的第 8888 架波音 737 飞机。这架新一代波音 737 飞机，在机身上特别装饰了四个“8”的纪念标识。

波音 737 客机前侧面特写

TOP 14 L-1011“三星”民航客机

L-1011“三星”是洛克希德公司研发的三发动机中远程宽体民航客机。

排名依据

L-1011“三星”是继波音747和麦道DC-10后，第三款投入商业运营的宽体喷气式客机，也是洛克希德唯一一款喷气式民航客机。20世纪70年代后期，世界民航业进入萧条时期。由于L-1011采用了主动控制等先进技术，使成本大幅上升，加之L-1011投放市场晚于同属大型宽体客机的波音747和DC-10，特别是A300宽体飞机开始运营后，L-1011在市场上更加受到冲击，最终难以摆脱财务困境，整个项目亏损达25亿美元，于1983年8月19日关闭生产线。

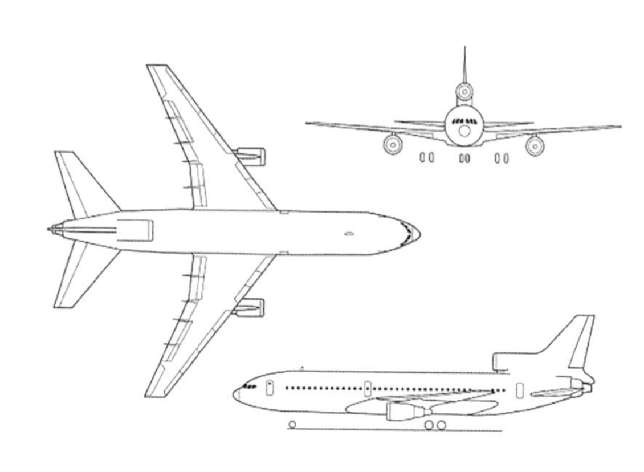

L-1011“三星”民航客机结构示意图

建造历程

L-1011“三星”于1966年开始设计，1969年3月开始制造，1970年11月17日首飞，1971年12月22日取得美国联邦航空局二级临时型号认证，准许向用户交付飞机进行航线验证试飞。1972年4月26日交付使用。在1968年到1984年洛克希德公司生产了250架“三星”客机，之后就因销售不畅未能收回成本，宣告停止了自身的商用飞机业务。

刚果航空的L-1011“三星”民航客机

机体构造

保存在博物馆中的 L-1011“三星”民航客机

L-1011 呈宽体机身，在组装机身时采用了一套特殊的高压焊接工艺，给予了机体非常强的抗腐蚀能力。采用后掠式下单翼，3 台发动机中有 2 台安装在翼下，1 台安装在后掠式垂直尾翼根部并与垂直尾翼整合在一起。该机采用后掠式下置水平尾翼。

运输性能

L-1011 拥有高度自动化的自动驾驶系统，并且是第一种具有美国联邦航空局自动着陆资质认可的宽体式客机，这使得 L-1011 可以由机载自动驾驶系统进行零能见度下的完全自动化降落。为增加客舱空间，L-1011 的厨房安装在机身中间的行李舱位置，有效提升机舱使用空间，并令厨房的空间比其他同类型飞机大。

高空飞行的 L-1011“三星”民航客机

趣闻逸事

洛克希德公司于 1984 年交付最后一架 L-1011 后便彻底退出了民用飞机市场，总产量 250 架。

L-1011“三星”民航客机正在起飞

13 TOP 波音 757 民航客机

波音 757 是波音公司研发的中型单通道窄体民航客机。

排名依据

波音 757 拥有亚音速窄体客机中最大的航程，足以横越大西洋的续航距离，同样该机也是最早获得双发延程飞行（ETOPS）之一的民航客机。波音 757 虽然是一款窄体客机，但基于其尾流紊流度较其他窄体客机大，因此，在航空交通管制上被列为需要额外间隔空间和时间的“重型飞机”级别。

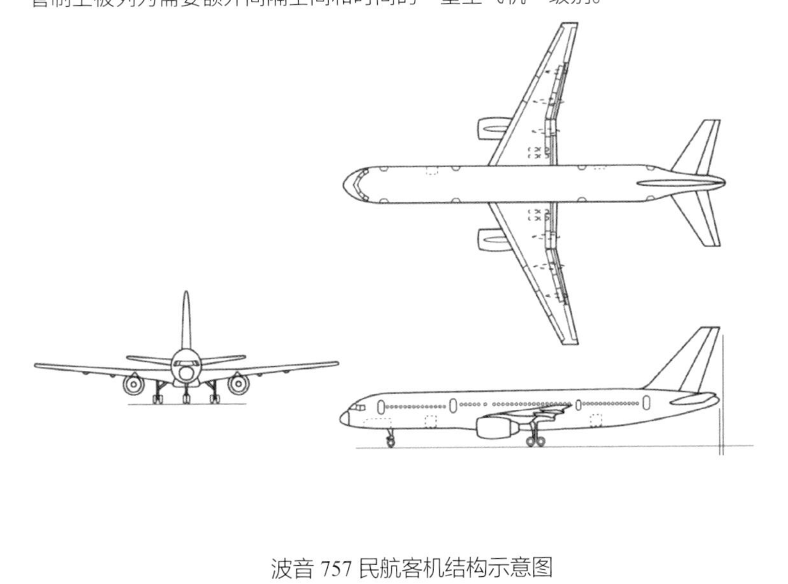

波音 757 民航客机结构示意图

建造历程

20 世纪 70 年代石油价格猛涨，航空公司迫切需要低油耗的新型民航客机。为此，波音公司决定研制 200 座级的波音 757 以取代波音 727、部分波音 707。波音 757 计划于 1979 年 3 月正式启动，最初定名为 7N7，1979 年末更名为波音 757。1982 年 2 月，波音 757 客机首飞，同年 12 月取得适航证，1983 年投入航线运营。

机体构造

波音 757 以波音 727 的机身为基础，为全金属半硬壳式破损安全结构，保留了卵形机身横截面，该截面形状由两段不同直径的圆弧组成。机翼采用悬臂式下单翼，机翼大梁横穿机身，平尾为普通轻合金抗扭盒形结构，垂尾为三梁双室抗扭盒形结构。机翼两侧分别布置有发动机。机头经过重新设计，采用单曲面驾驶舱风挡，减少了阻力和噪声。机身加长的是中段直径不变的部分，因而未增加很大阻力。主起落架为 4 轮小车式，前起落架为双轮式。

1982 年范堡罗航展上的波音 757 民航客机

以色列航空的波音 757 民航客机

运输性能

波音 757 几乎能够在全世界所有机场运营，包括高原或高温机场，短跑道机场和有噪音限制的机场。该机在满载 200 名乘客的情况下可飞行超过 7200 千米，其载客量比波音 727 多 50 人，更符合经济效益。该机的性能非常优异，因其较快的爬升速度而被称为“火箭飞机”，在最大起飞重量的情况下，波音 757 能比其他商业客机在较短的时间内爬升至 13 700 米。不过，波音 757 必须要有 75% 或以上的载客率，才可以使航班有盈利，令其只能使用于高密度航线。

波音 757 民航客机前侧方特写

2010 年 2 月 22 日，英国一架载有 231 名乘客的波音 757 客机起飞后不久，燃料突然从右侧机翼下方喷涌而出。不过幸运的是飞机紧急着陆成功，所有乘客都安然无恙。

波音 757 民航客机正在起飞

空中客车 A300 民航客机

A300 是欧洲空中客车公司研发的双发动机中短程宽体民航客机。

排名依据

A300 是世界上第一架双发动机宽体客机，也是空中客车研制的第一款与美国波音公司竞争的干线客机，为此空中客车公司在研制中采用了当时最新的技术。这些技术改善了飞机的可靠性，降低了营运成本，并且为双发延程飞行铺平了道路，其相当先进的技术深深影响了亚音速客机的设计。

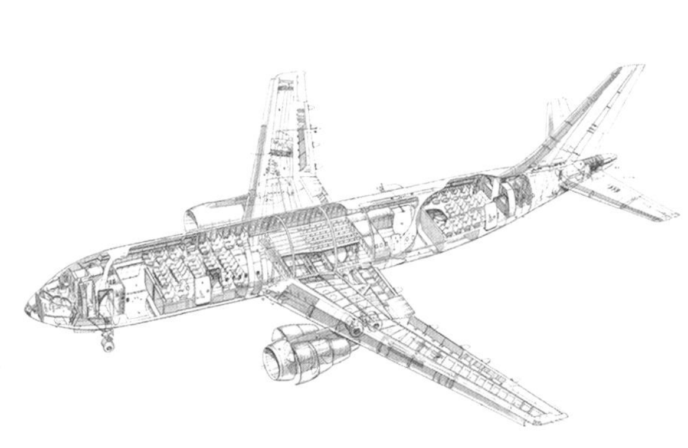

空中客车 A300 民航客机结构示意图

建造历程

A300是空中客车公司在法国、德国、英国、荷兰和西班牙等国政府支持下研制的双发动机中短程宽体客机。1969年9月开始研制，1972年10月300B1原型机首飞，1974年5月交付使用，2007年7月停产。

伊朗航空的A300在机场准备起飞

机体构造

A300机身采用普通半硬壳结构，垂尾前、后缘和顶部整流罩、方向舵、平尾前缘和升降舵用复合材料制造。动力装置为翼下吊挂的两台涡扇发动机，每个机翼内有两个整体油箱，中央翼内有第5个油箱。来自发动机、辅助动力装置的压缩空气经输气管路分别供给反推力装置和空调系统。A300有3套独立的液压系统由发动机分别驱动，3套液压系统的压力可通过液压泵互相传递。辅助动力装置位于机体尾锥内。A300所有客舱、货舱和航空电子舱均为增压舱。起落架为液压可收放前三点式，紧急情况可靠重力放下，双轮式前起落架，4轮小车式主起落架。

A300客机的机身横截面模型

运输性能

在同级别飞机中，A300具有最宽的机身横截面，宽度足以容纳8个座椅和两条走道，货舱可以并排放下2个LD3标准集装箱，而且比波音747安排更紧凑，空间利用率更高。同时，该系列飞机具有良好的燃油经济性，非常环保。A300客机载客量能够达到375人。

A300 的飞行操控高度完全自动化，机师只有在紧急情况下才需以手动控制，其先进的自动飞行系统可以适应从起飞到着陆的全部过程，除此之外，A300 还具有全电子传控刹车系统。

A300 客机的机舱特写

趣闻逸事

A300 最初设计为单一舱，最多可载客 300 人，因此命名为“A300”。A300 的出现及热销促使波音公司研发了波音 767，尽管波音 767 客机在市场上比 A300 受航空公司欢迎，但 A300 却比波音 767 畅销。因为 A300 的机舱截面比波音 767 宽，每排足以容纳 2 个宽体机惯用的 LD3 货柜。

日本航空的 A300 民航客机

11 TOP 协和式民航客机

协和式飞机是一款由法国宇航和英国宇航公司联合研制的中程超音速民航客机。

排名依据

协和超音速客机是目前世界上唯一在航线上运营的超音速商用运输机。由于协和飞机的巡航速度比晨昏线的移动速度更快，令它能够追上和超越地球的自转。在西行航线上，以当地时间计算，抵达时间往往比起飞时间早。从飞行安全性来看，协和飞机还是相对安全的，到 1999 年年底，总共安全运营了 24 年，使协和飞机获得了全球最安全的客机的名声。

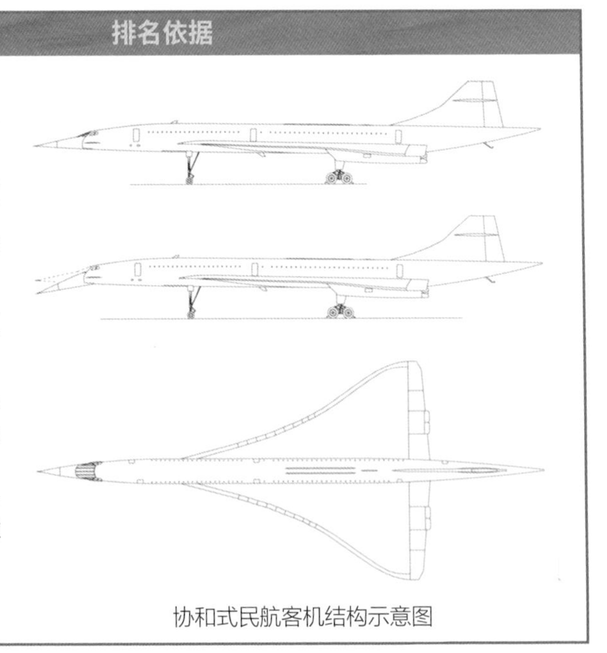

协和式民航客机结构示意图

建造历程

1956 年，英国政府成立了超音速运输飞机委员会，开始探讨超音速飞机的可行性。1959 年，委员会得出结论，超音速客机是可以实现的，在技术上是可行的。1967 年，首架协和号飞机在法国图卢兹出厂，飞机最后命名为“协和式”飞机。1996 年，协和式飞机从伦敦飞往纽约，仅耗时 2 小时 52 分钟，创下了民航飞行史上的最快纪录。2003 年，协和式飞机完成了最后一次商业飞行，从此退出历史舞台。

协和式民航客机侧面特写

机体构造

协和式飞机采用了双三角翼的设计，双三角翼的内外侧两个后掠角，靠近机身的翼根位置有较大的后掠角，以降低阻力；而在主要产生升力的机翼外端采用较小的后掠角和较小的机翼弦长，机翼前沿不是直线而是 S 形的曲线。细长 S 形前缘三角翼提高了低速时的升阻比，涡流稳定性好，平衡了高速和低速时的要求，对低速起降时的操纵性有所改善。从亚音速过渡到超音速飞行时，机翼压力中心位置变化较小，提高了飞机的稳定性。可下垂的机鼻头锥是协和式飞机的外观特征之一，既能在飞行时保持飞机的流线型外形减低阻力，又可以于滑行、起飞和着陆时改善飞行员的视界。

协和式民航客机正在起飞

运输性能

英航与法航的协和式飞机客舱布局均为单一客舱级别，载客 100 人。客舱被划分为前后两个部分，内部由雷蒙德·罗维设计，前舱载客 40 人，后舱载客 60 人，前后舱之间以厕所分隔。座位布置为每排四座、中央单走道。由于协和式飞机机身细长，客舱空间受到相当的限制，在近走道一侧的座位，客舱净空只有约 1.8 米，走道净空最高也只有约 1.9 米。座椅也比其他亚音速客机头等舱的狭窄，实际上与普通客机的经济客舱座位相似。

博物馆中的协和式民航客机

趣闻逸事

协和式飞机的轮胎一直是其弱点之一，历史上曾多次在跑道滑行途中因异物导致爆胎事故。最早的一次记录是在 1975 年 6 月 20 日，一架法国航空的协和式飞机在委内瑞拉加拉加斯机场准备起飞时，一个机轮被跑道上的指示灯损坏。

高空飞行的协和式民航客机

10 TOP 图 -144 民航客机

图 -144 是苏联图波列夫设计局研制的超音速民航客机。

排名依据

图-144是世界上最先飞行的超音速民航客机，在着陆时采用减速伞减速。图-144运用了当时最先进的导航系统和电子计算机技术，不过由于技术上、经济性方面存在问题，在研制过程中发生过两起重大事故，极大地影响并限制了它的应用与发展，导致它只在极少的航线进行了少量的民航航班运营，缔造了一些航空纪录。

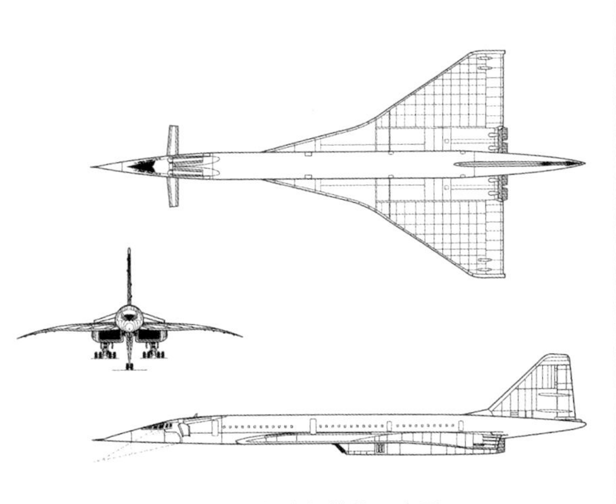

图-144民航客机结构示意图

建造历程

图-144在1962年由图波列夫设计局和苏联航空工业部开始研制和设计工作，1968年12月31日原型机首次试飞，比“协和式”试飞早两个月。图-144于1975年12月26日交付使用，提供货运及邮政服务，来往莫斯科与哈萨克的阿拉木图之间。1977年11月，开始提供载客服务。

图-144民航客机正面特写

机体构造

图-144机身为全金属半硬壳结构，生产型机身加长加宽，起落架和发动机短舱重新设计，机头两侧增加了可伸缩前翼，降落时伸出，可降低进场速度，并使飞机降落更为平稳舒适。机翼为多梁结构，由整体铣切的铝合金蒙皮壁板、翼肋和大梁焊接在一起，并形成整体油箱。主起落架由两组8轮为一组的起落架组成。

1973年巴黎航展上的图-144民航客机

运输性能

图-144采用3人制驾驶舱设计，机头部分在俯仰方向上由液压装置驱动折转，可下垂的机头保证驾驶员在大迎角起降时有良好的视野。座舱基本布置乘坐140名旅客，有3个客舱。飞机有四套独立的液压系统，可同时工作，用来操纵舵面，但其中任何两套提供的动力就能完全满足所有飞行状态下的要求。

图-144民航客机侧面特写

图-144在退出客运后，货运服务没有终止，俄航使用新型的图-144D型飞机，配备更省油的RD-36-51发动机，其航线可以更长，可来往莫斯科与哈巴罗夫斯克之间。

德国博物馆中的图-144民航客机

9 TOP 空中客车A310民航客机

A310是空中客车公司研制的200座级中短程双通道宽体民航客机。

排名依据

A310 是第一架采用电子飞行仪表与驾驶舱中央电子飞行监视器的客机，率先实现了双人机组体制，由自动飞行系统取代飞行工程师的工作，成为业界的典范。另一个创新在于使用电子信号，取代以往由钢索操作的控制面。A310 采用的新系统技术也用来改进 A300，设计升级为 A300-600。A310 和 A300 的市场表现保证了空中客车公司与波音公司的主要竞争对手地位。

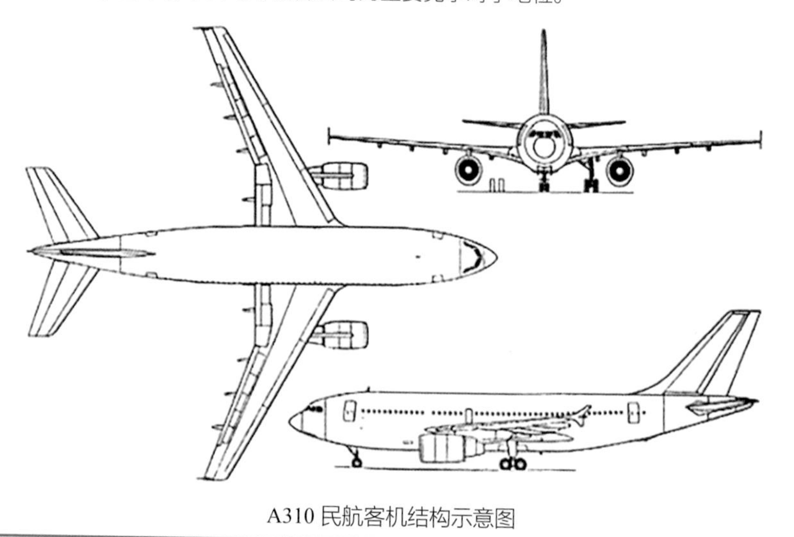

A310 民航客机结构示意图

建造历程

A310于1978年开始研制，最初研发代号是A300B10，相当于A300B的缩短型。经过重新设计采用新的系统技术，命名为A310。1982年4月3日首架原型机试飞，1983年3月11日获得法国和德国两国型号合格证，1983年3月29日开始交付使用。

A310民航客机正在起飞

机体构造

A310客机采用宽体机身，装有带翼尖小翼的后掠式下单翼，翼下布置有两台发动机，此外还采用后掠式垂直尾翼和下置水平尾翼。得益于空气动力学技术进展，A310较小的机翼可获得更好的升力及性能，缺点是机翼载油量较小，航程能力受限制。

A310民航客机后侧面特写

运输性能

A310的巡航距离超越了A300，通过了双发延程飞行，所以A310系列被广泛用于跨越大西洋的航线。作为空中客车A300B的衍生型，A310与A300B的主要不同在于缩短了机身，同样的机身截面，增加了机身尾段内部空间，标准载客量220人。

A310民航客机上方视角

A310 民航客机被改装成多任务加油运输机提供空中加油服务，德国空军订购 4 架；加拿大空军订购 2 架，2004 年开始交货。

高空飞行的 A310 民航客机

TOP 8 波音 767 民航客机

波音 767 是波音公司研发的双发动机中型宽体喷气式民航客机。

排名依据

波音 767 是波音第一架带有玻璃荧幕座舱的宽体双发动机客机，也是首次采用两人驾驶制的宽体飞机。由于波音 767 的机体内部直径只有 4.7 米，是宽体客机中最窄的，因此舒适度不如空中客车 A300 的 5.64 米。而货舱容积也较小，只能容纳窄体机惯用的航空用 LD2 集装箱而不能使用较大的宽体客机常用的 LD3 集装箱。最终波音 767 在与空中客车 A300 的竞争中让出了中级双发客机市场主导地位。

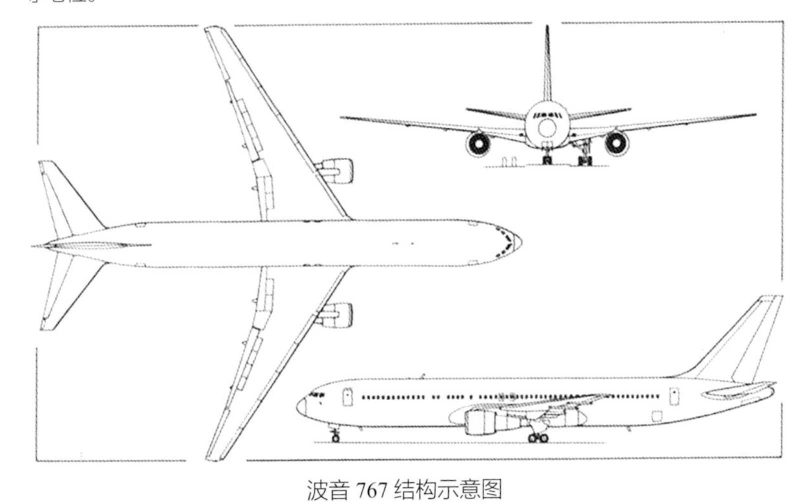

波音 767 结构示意图

建造历程

1978 年 2 月，波音公司宣布发起波音 767 研制计划。1979 年初，开始全面设计研制工作。1980 年 4 月，第一架波音 767 出厂，1981 年 9 月 26 日第一架波音 767 飞机首飞，1982 年 7 月取得型号合格证，同年 9 月交付，并于同年 12 月首次用作商业飞行。1985 年，波音 767 成为第一架获得跨洋飞行许可的双发动机客机，此后多用于进行不间断的中长途洲际航线。在 20 世纪 90 年代，波音 767 成为最常见的跨大西洋航线客机。

机体构造

波音 767 在设计过程中，尽量保持与波音 757 有更多的共同性，两者的驾驶舱设计基本相同，两种机型要求的机型驾驶资格也相同。波音 767 机身大量采用铝合金建造，机翼采用悬臂式下单翼，尾翼采用悬臂式破损安全铝合金和铝合金蜂窝结构。机翼下前伸吊挂两台高涵道比涡轮风扇发动机。每侧机翼和中央翼内各有一整体油箱。双轮前起落架向前收起，主起落架为 4 轮小车式，向内收起。

波音 767 在 1982 年范堡罗航展上的首次亮相

波音 767 正面特写

运输性能

波音 767 的机舱采用双过道设计，公务舱安排 6 个座位，经济舱 7 个座位。经济舱标准的“2+3+2”座位布局中 87% 的座位都紧邻舷窗或过道，所有座位和过道之间都不超过一个座椅。波音 767 机舱最多可以容纳 8 列座椅，但会导致机舱变得异常狭窄，因而极少采用。

波音 767 在艾弗雷特工厂进行的最终组装

订购波音 767 数量较多的航空公司包括达美航空、美国航空和全日空等，其中，达美航空是最大的客户，也是唯一一个订购波音 767 全部变种机型的客户。

加拿大航空的波音 767 客机

7 TOP 空中客车 A330 民航客机

A330 是空中客车公司生产的双发动机、双通道中远程宽体民航客机。

排名依据

A330 系列飞机在同级别市场上获得认可，拥有领先的市场份额和不断扩大的运营商客户群。作为现役空客飞机中航程最远的双发飞机，A330 飞机拥有 60 多家客户和运营商，累计飞行时间超过 500 万小时。最终空客 A330 在与波音 767 的竞争中占据了中级双发客机市场主导地位。A330 是能直飞机场位于海拔 3500 米以上的青藏高原航线的少数机种之一。

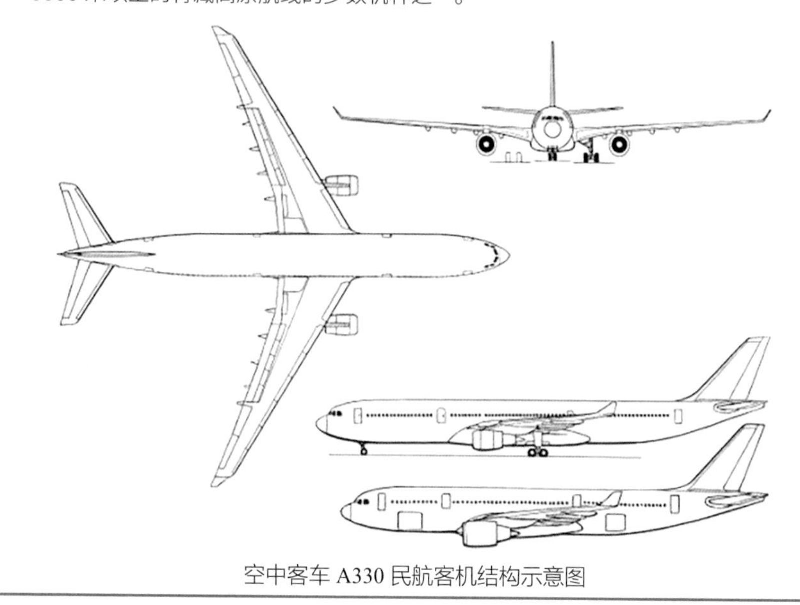

空中客车 A330 民航客机结构示意图

建造历程

A330 与 A340 是一个系列，1987 年 4 月空中客车公司决定 A330 和 A340 两个型号作为一个计划同时上马。1992 年 11 月，双发中远程客机 A330 系列的第一个型号 A330-300 首飞，1994 年交付使用。

空中客车 A330 民航客机高空飞行

机体构造

A330 采用更轻、强度更高的金属合金和复合材料，可降低机身重量并提高飞机机体的寿命。A330 的机翼为计算机控制的可变弯度翼型，机身和尾翼采用了大量铝锂合金和复合材料，铝锂合金用于机身结构、桁条等部件。采用带翼翘的后掠式下单翼，翼下挂有两台发动机，具有后掠式垂直尾翼和下置水平尾翼。主起落架为 4 轮小车式，前起落架为双轮式。

空中客车 A330 民航客机正在起飞

运输性能

A330 在客舱的灵活性和舒适性方面进行了优化，载客量能够达到 440 人。A330 提供了最大的运营灵活性以满足市场发展趋势，该机型能够满足不同运营商对客舱座位数和分级布局的各种需求，宽大的底舱提高了货运运营效益。无论是头等舱、商务舱还是经济舱，A330 都拥有更大空间和更宽敞的座位。

停机坪上的空中客车 A330 民航客机

趣闻逸事

2015 年 6 月 12 日，马来西亚航空公司一架 A330 客机在起飞后不久发动机火灾警报响起，飞机被迫返航并在墨尔本机场紧急着陆，所有乘客均平安离开客机。

组装厂的空中客车 A330 民航客机

波音 777 民航客机

波音 777 是波音公司研发的双发动机中远程宽体客机。

排名依据

波音公司投入了大量资源以开发波音 777，为继波音 747 之后波音史上第二次的豪赌，所幸结果证明波音 777 是一款成功的飞机。波音 777 目前是全球最大的双发动机宽体客机，是世界上第一款完全以电脑立体 CAD 绘图技术设计的民用飞机，整个设计工序中都没有采用传统绘图纸方式，而是先“建造”一架虚拟的波音 777，让工程师可以及早发现任何误差，以确保机上成千上万的零件在被制成昂贵实物原型前，也能清楚计算安放的位置是否稳妥，并减省了开发时间和成本，在原型机建造的时候各种主要部件一次性成功对接。

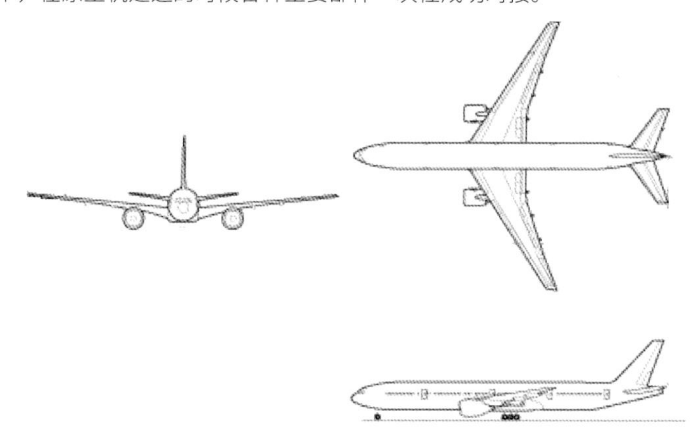

波音 777 民航客机结构示意图

建造历程

波音 777 客机于 1990 年 10 月 29 日正式启动研制计划，1994 年 6 月 12 日第一架波音 777 首次试飞，1995 年 4 月 19 日获得欧洲联合适航证和美国联邦航空局型号合格证，1995 年 5 月 30 日获准 180 分钟双发延程飞行，1995 年 5 月 17 日首架交付用户美国联合航空。

波音 777 客机在高空飞行

机体构造

波音 777 是波音公司首款使用复合材料制造的飞机，机体约有 10% 为复合材料。其机翼是所有亚音速商业飞机中最符合空气动力学的，机翼在改进波音 757 和波音 767 设计的基础上，增加了机翼的长度及厚度，翼展加大到60.9米,优化了机翼的性能。波音 777 拥有 6 个机轮的主起落架系统，6 轮式设计使机身可以获得更好的稳定度。所用的双轮式前轮起落架是全世界最大的飞机起落架，以便有效控制两组 6 轮的机轮。

波音 777 客机底部特写

运输性能

波音 777 采用双过道客舱，每排 6 ～ 10 座。客舱地板下分前舱、后舱的空间可装载 LD1 到 LD6 以及 LD10 和 LD11 集装箱，也可装 2.44 米 × 2.44 米的货盘，货舱可容纳 14 个 LD-3 货柜。部分波音 777 在机舱上部设置了机舱服务员休息区，飞行员也有独立的休息区，其载客量能够达到368人。

波音 777 客机正在起飞

趣闻逸事

新加坡航空公司是波音 777 的最大用户，在 2008 年共有 76 架波音 777，而排名第二的是阿联酋国际航空，共有 60 架。

波音 777 客机在工厂进行组装

空中客车 A340 民航客机

A340 是空中客车公司研制的首款四发动机远程民航客机。

排名依据

A340 最初设计目的是要在远程航线与波音 747 竞争，A340 载客量较少，适宜远程客运量少的航线。A340 客机是现役的航程最远的客机之一。通过与 A330 系列相结合，A340 为客户提供了最大程度的运营灵活性和经济性。该型飞机宽大的底舱提高了货运运营效益。

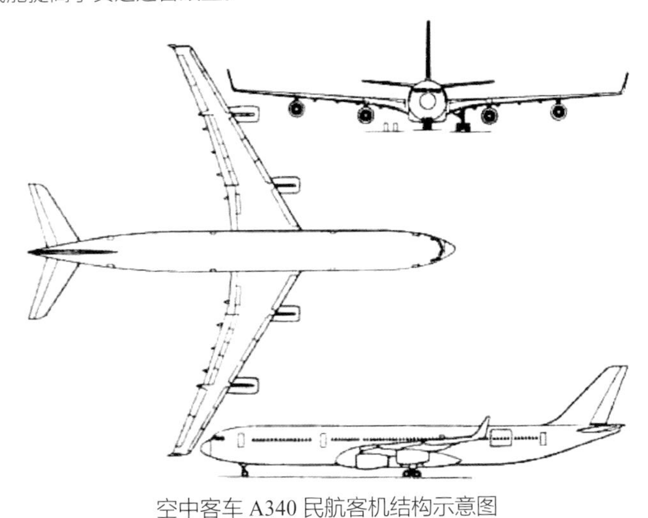

空中客车 A340 民航客机结构示意图

建造历程

1987 年，A340 与 A330 同时开始研发，两者都保留了 A300/A310 系列的机身截面设计，同时借鉴 A320 先进的航空电子技术。A340 于 1991 年 10 月 25 日首飞，1993 年 3 月 15 日交付使用。2011 年 11 月 10 日，空中客车公司的第三季度报告正式宣布 A340 停产。

空中客车 A340 民航客机正在起飞

机体构造

A340 和 A330 两种机型有很大的共通性，有 85% 的零部件可以互相通用，采用相似的机身结构，只是长度不同，驾驶舱、机翼、尾翼、起落架及各种系统都相同。机翼为计算机控制，计算机根据飞行时所处的高度和速度，以及载荷情况，操纵飞机后缘襟翼来获得最佳翼型。A340 机身和尾翼采用了大量铝锂合金和复合材料，尾翼、各操纵面、整流包皮、客舱地板均由复合材料制造。主起落架为 4 轮小车式，前起落架为双轮式。

空中客车 A340 民航客机上方视角

运输性能

A340 通过与 A330 相结合，为客户提供了最大程度的运营灵活性和经济性。A340 拥有更安静的客舱，更大的乘客舒适度，头等舱乘客享受每排 4 个座位的布局，公务舱的布局可确保每位乘客的座位不是临窗就是靠过道，而经济舱一般采用每排 8 个座位的布局，可确保乘客距过道最远不超过一个座位。其货舱延续空中客车公司客机特点，空间较大。该型飞机宽大的底舱提高了货运运营效益。

空中客车 A340 民航客机侧面特写

趣闻逸事

2009 年 3 月 20 日，阿联酋航空一架空中客车 A340-541 由澳洲墨尔本前往阿联酋迪拜，客机起飞时因人为失误，导致飞机尾部五次触及跑道，起飞前更差点撞及机场的围墙，不过幸好最后能及时起飞。

高空飞行的空中客车 A340 民航客机

波音 787 民航客机

波音 787 是波音公司研发的双发动机中远程宽体客机。

排名依据

波音 787 是航空史上首架超远程中型客机，打破以往一般大型客机与远程客机挂钩的定律。波音 787 拥有多项技术创新，其中最引人注目的是波音 787 机体结构的一半左右都用更轻、更坚固的碳纤维合成材料代替铝合金，是第一款以碳纤维合成物为主体材料的民用喷气式客机。技术和设计上的突破，使中型尺寸的波音 787 具有在同座级的飞机中，无与伦比的航程能力与英里成本经济性。波音 787 能够以 0.85 倍音速飞行，这也使其点对点远程不经停直飞能力得以更好的体现，从而能在 450 多个新城市对之间执行点到点直飞任务。

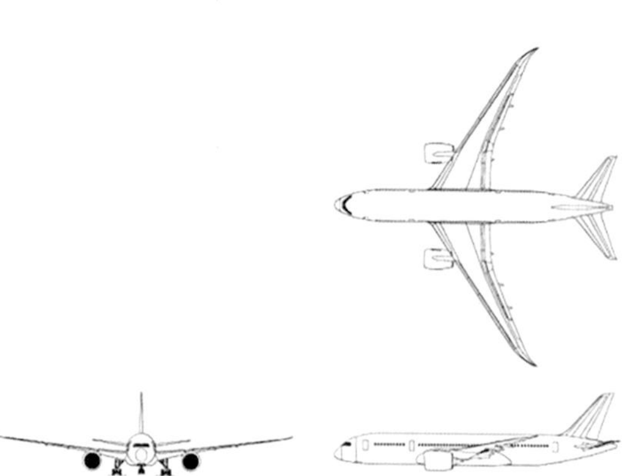

波音 787 民航客机结构示意图

建造历程

波音 787 项目在 2004 年 4 月正式启动，经多次延期后于 2009 年 12 月 15 日成功试飞。2011 年 9 月 27 日，波音 787 开始交付使用。2013 年 1 月 16 日，由于连续出现安全故障，波音 787 暂时停飞。在波音修改电池设计之后，于 2013 年 4 月 25 日恢复飞行。

波音 787 客机正在组装机头部分

机体构造

波音 787 机身截面形状采用双圆弧形，机翼采用超临界机翼，具有流线型机鼻与鲨鱼鳍式翼尖、小翼与尾翼。超临界机翼的好处在于在高次音速时有较好的气动力效率，可以减少燃料的消耗并增加飞机的性能，如飞行距离等。机身中部两侧机翼分别装有 1 台发动机。波音 787 还装备了垂直阵风抑制系统，能感知湍流并指挥机翼操纵面应对湍流，从而大幅提高飞行的平稳性。

运输性能

波音 787 属于 200 座至 300 座级客机，航程随型号不同可覆盖 6500 千米至 16000 千米。客舱比其他中型飞机宽敞，乘客坐下后，其平视位置比竞争机型宽 38 厘米，能为每位乘客创造出更大的个人空间。客舱安装了比其他民用飞机宽的客椅，每个座位比最接近的竞争对手至少宽 4 厘米。经济舱通道宽 55 厘米，该宽度比典型的双通道飞机经济舱通道宽 6 厘米。公务舱通道宽 65 厘米，这一宽度使乘客可以轻松绕过正在供餐的餐车。

波音 787 客机进行飞行测试

波音 787 客机上方视角

趣闻逸事

2019年6月5日，据英国《每日邮报》报道，美国联邦航空管理局（FAA）认定波音787-8和787-9机型存在安全漏洞，已经对其下达新的适航指令，要求其修复安全漏洞。根据美国联邦航空管理局的估算，修复这一特殊安全问题，需要花费超过500万美元。

挪威航空的波音787客机

TOP 3 空中客车A320民航客机

A320是空中客车公司研发的双发动机单通道中短程窄体客机。

排名依据

A320 自问世以来，因其优越的舒适性和经济性，迅速树立了行业标杆，使其成为世界上最成功的客机之一。空中客车公司也因为 A320 系列机型，打破了波音公司的垄断地位，奠定了其在民用航空市场的地位。A320 是历史上第一款放宽静稳定度设计的民用客机，也是历史上第一种采用电传操纵飞行控制系统的亚音速民航客机，代替了过去主要靠机械装置传输飞行员指令来控制飞机的姿态和动作。与此同时，A320 是第一款大量使用复合材料作为主要结构材料的窄体客机，也是第一款带有集装箱货物系统的窄体飞机。A320 较宽的机身提供了足够大的货运能力，客舱舒适而宽敞是当前最受欢迎的 150 座级的中短程客机。

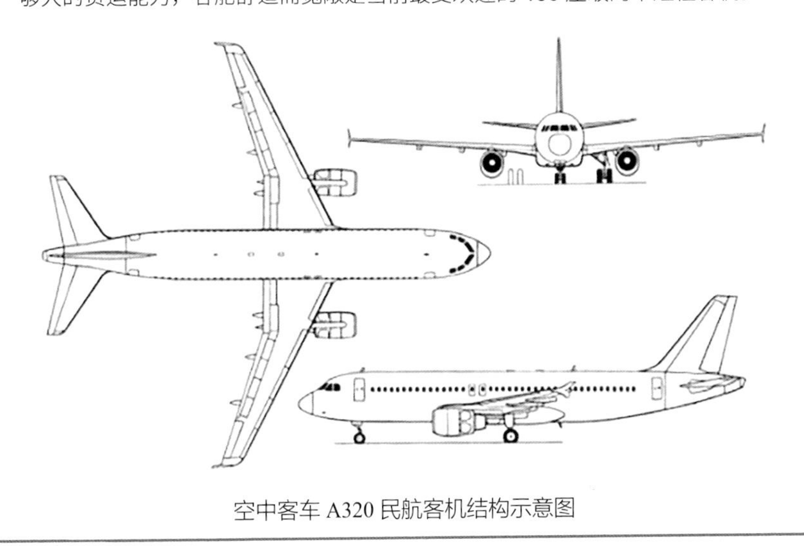

空中客车 A320 民航客机结构示意图

建造历程

A320 项目自 1982 年 3 月正式启动，第一个型号是 A320-100。1987 年 2 月 22 日首飞，1988 年 2 月交付使用。1994 年 A321 投入服务，1996 年 A319 投入服务，2003 年 A318 投入服务。

A320 民航客机在高空飞行

机体构造

空中客车 A320 系列的飞机采用通用设计，有较小型的（A319），更小型的（A318），或者较大型的。A320 客机采用带有翼翘的后掠式下单翼，翼下挂有两台 CFM56-5 或 IAE V2500 涡轮风扇发动机，装有后掠式垂直尾翼和下置水平尾翼。

运输性能

A320 拥有单通道飞机市场中最宽敞的机身，这一优化的机身截面为客舱灵活性设定了新的标准。通过加宽座椅，提供了最大限度的舒适性。优越的客舱尺寸和形状可以安装宽大的头顶行李舱，一方面更加方便，同时也可以加快上下乘客的速度。A320 能够提供集装箱货运装载系统，该系统与全球标准宽体飞机装载系统兼容，从而减少了地服设备，降低了装卸成本。该系列飞机具有的高可靠性进一步增强了盈利性和为乘客提供服务的能力。

在组装厂的 A320 民航客机

美国航空的 A320 民航客机

法国航空公司的机队中增加首架 A318 飞机后，法航成为第一个运营全部空中客车 A320 系列飞机机型的航空公司。

A320 民航客机准备起飞

波音 747 民航客机

波音 747 是波音公司在美国空军的主导下推出的大型商用宽体民航客机。

排名依据

波音 747 有“珍宝客机”和“空中女王”的美誉，是世界上最易识别的飞机之一，也是世界上第一款宽体民用飞机。自 1970 年投入服务后，直到空客 A380 投入服务之前，波音 747 保持全世界载客量最高飞机的纪录长达 37 年。波音 747 宽体客机的横空出世，使得民航载客量显著增加，并降低了飞行成本与机票价格，使更多的人环游世界成为可能。

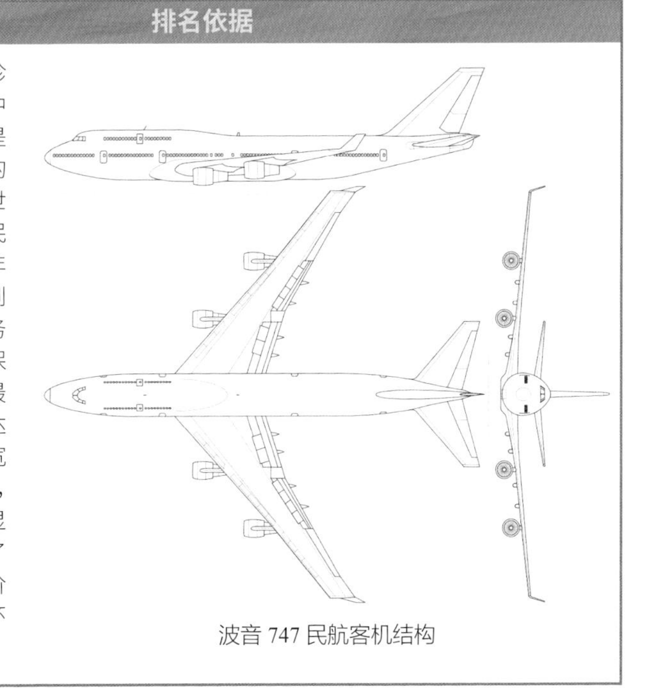

波音 747 民航客机结构

建造历程

20 世纪 60 年代初，美国空军提出战略运输机计划。在竞标中，波音公司输给了洛克希德公司（C-5“银河”）。之后，泛美航空公司希望波音公司能提供一种比波音 707 大两倍的客机。于是，波音将原来的军用运输机设计加以修改，体积庞大的波音 747 由此而生。波音 747 的首家客户泛美航空公司在 1966 年订货 25 架，交货时为 1970 年。

波音 747 民航客机在高空飞行

机体构造

波音 747 是一种双层、宽体、双通道、四发动机的飞机，采用普通半硬壳式结构，由铝合金蒙皮、纵向加强件和圆形隔框组成。采用悬臂式下单翼，每侧机翼前缘有前缘襟翼，机翼前缘靠翼根处有 3 段克鲁格襟翼。尾翼为悬臂式铝合金双路传力破损安全结构，全动水平尾翼。破损安全结构采用铆接、螺接和铰接工艺。起落架为五支柱液压收放起落架。两轮前起落架向前收起，4 个四轮小车式主起落架：两个并列在机身下靠机翼前缘处，另两个装在机翼根部下面。

波音 747 民航客机正在降落

运输性能

波音 747 采用两层客舱的布局方案，驾驶室置于上层前方，之后是较短的上层客舱。驾驶舱带两个观察员座椅。商务舱在上层客舱，头等舱在

波音 747 民航客机在工厂进行组装

主客舱前部，中部可设商务舱，经济舱在后部。客舱地板下货舱：前舱可容纳货盘或 LD-1 集装箱；后舱可容纳 LD-1 集装箱和散装货物。三级座舱设计（即经济、商务和头等舱）的载客量达到 416 人，而双级舱设计的载客量则高达 524 人。

2014 年 3 月 31 日上午 9 点，全日空公司所属的一架波音 747 客机满载 500 名乘客，从东京羽田国际机场起飞，前往冲绳，这是日本航空界波音 747 客机的最后一次飞行。

瑞典航空的波音 747 民航客机

1 TOP 空中客车 A380 民航客机

A380 是空中客车公司研制生产的四发动机 550 座级超大型远程宽体客机。

排名依据

A380是首架拥有四条乘客通道的客机，座椅和通道非常宽大。与之前的飞机相比，空中客车A380在更大范围内采用了复合材料，引入了许多新的系统和工业工艺技术。A380打破了波音747在远程超大型宽体客机领域统领37年的纪录，成为目前世界上载客量最大的民用飞机。

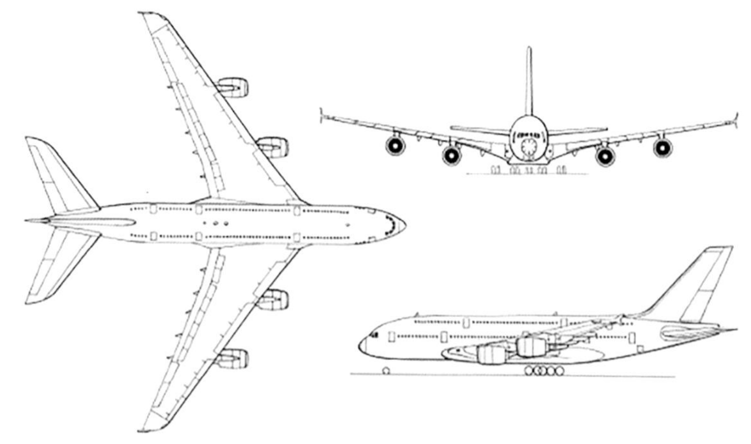

空中客车A380民航客机结构示意图

建造历程

2000 年 12 月，空中客车公司宣布通过投资 88 亿欧元的 A3XX 计划，并定名为“A380”（跳过了 A350、A360 和 A370，以表技术飞跃之意）。该机于 2005 年 4 月 27 日首次试飞，2007 年 10 月 25 日交付使用。2013 年 5 月 14 日，空中客车公司生产的第 100 架 A380 交付给马来西亚航空公司。

机体构造

A380 约 25% 由高级减重材料制造，其中 22% 为碳纤维混合型增强塑料 (CFRP)，3% 为用于民用飞机的 GLARE(玻璃纤维增强铝材料) 纤维—金属板。A380 采用了复合材料碳纤维制成的连接机翼与机身的中央翼盒。此外，A380 还在后压力舱后部的后机身采用了复合材料。A380 具有双层客舱机身，采用带翼翘的后掠式下单翼，翼下分别挂有两台发动机，具有掠式高垂垂尾翼和下置水平尾翼。

空中客车 A380 民航客机进行地勤维护

阿联酋航空的空中客车 A380 民航客机

运输性能

A380 具备低空通场、超低空低速通场的能力，能够在中低空完成大仰角转弯、过失速速度和过失速仰角飞行，能够实施空中翻转，确保飞机遭遇鸟击、雷暴、大侧风等恶劣条件时的安全。巨大的机翼和侧旋尾翼令飞机可以在动力全部失效以及燃油耗尽的情况下滑翔着陆。A380 在典型三舱等（头等舱、商务舱、经济舱）布局下可承载555名乘客（其中上层机舱199人，下层客舱356人），采用最高密度座位安排时可承载861名乘客。

空中客车 A380 民航客机在空中飞行

趣闻逸事

2019年初，空中客车公司证实正在与阿联酋航空就A380合同进行谈判。如果阿联酋航空放弃这种机型，空中客车公司可能会停止生产这种超大型客机。

空中客车 A380 民航客机前方特写

第3章 民用货机

民用货机通常专指用于商业飞行的民用货运飞机，与航线客机相似，可在永久性的大、中型机场起降。货机通常具有加强的客舱地板，并且在客舱机身上包括宽的顶部铰链门，以及没有被“堵塞”的客舱窗户。本章详细介绍了民用货机制造史上影响力最大的 10 种型号，并根据核心技术、综合性能、单位造价、建造数量等因素进行了客观公正的排名。

整体展示

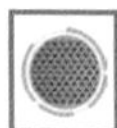

服役时间及研制厂商

TOP10　波音 767-300BCF 货机	
服役时间	2008 年至今

TOP9　波音 767-300F 货机	
服役时间	1995 年至今
波音公司	波音公司是全球航空航天业的领袖公司，也是世界上最大的民用和军用飞机制造商，作为美国国家航空航天局的主要服务提供商，波音公司运营着航天飞机和国际空间站，还提供众多军用和民用航线支持服务，其客户分布在全球 90 多个国家和地区

TOP8　空中客车 A300-600/600R 货机	
服役时间	1994 年至今
空中客车公司	空中客车公司是欧洲一家飞机制造、研发公司，1970 年 12 月于法国成立，股份由欧洲宇航防务集团公司（EADS）100% 持有。由于在航空市场上的大获成功，被看作是多国合作企业的典范

TOP7　波音 757-200PF 货机	
服役时间	1987 年至今
波音公司	波音公司是全球航空航天业的领袖公司，也是世界上最大的民用和军用飞机制造商，作为美国国家航空航天局的主要服务提供商，波音公司运营着航天飞机和国际空间站，还提供众多军用和民用航线支持服务，其客户分布在全球 90 多个国家和地区

TOP6　波音 777F 货机	
服役时间	2008 年至今
波音公司	波音公司是全球航空航天业的领袖公司，也是世界上最大的民用和军用飞机制造商，作为美国国家航空航天局的主要服务提供商，波音公司运营着航天飞机和国际空间站，还提供众多军用和民用航线支持服务，其客户分布在全球 90 多个国家和地区

TOP5　道格拉斯 DC-10-30F 货机	
服役时间	1986 年至今
道格拉斯公司	道格拉斯公司由唐纳德 • 维尔斯 • 道格拉斯于 1921 年 7 月创建。在二战期间，道格拉斯公司制造的飞机包括客机、轻型和中性轰炸机、战斗机、运输机、观察机和试验飞行器。1967 年，由于产品质量和资金链发生了问题，最终迫使道格拉斯公司同麦克唐纳飞行器公司合并成为麦道

TOP4　空中客车 A330-200F 货机	
服役时间	2010 年至今
空中客车公司	空中客车公司是欧洲一家飞机制造、研发公司，1970 年 12 月于法国成立，股份由欧洲宇航防务集团公司（EADS）100% 持有。由于在航空市场上的大获成功，被看作多国合作企业的典范

[illegible]	
服役时间	2006 年至今
波音公司	波音公司是全球航空航天业的领袖公司，也是世界上最大的民用和军用飞机制造商，作为美国国家航空航天局的主要服务提供商，波音公司运营着航天飞机和国际空间站，还提供众多军用和民用航线支持服务，其客户分布在全球 90 多个国家和地区

[illegible]	
服役时间	1995 年至今
空中客车公司	空中客车公司是欧洲一家飞机制造、研发公司，1970 年 12 月于法国成立，股份由欧洲宇航防务集团公司（EADS）100% 持有。由于在航空市场上的大获成功，被看作多国合作企业的典范

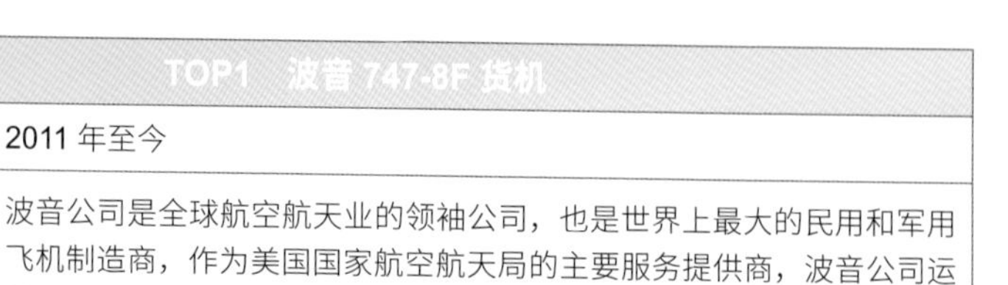

TOP1　波音 747-8F 货机	
服役时间	2011 年至今
波音公司	波音公司是全球航空航天业的领袖公司，也是世界上最大的民用和军用飞机制造商，作为美国国家航空航天局的主要服务提供商，波音公司运营着航天飞机和国际空间站，还提供众多军用和民用航线支持服务，其客户分布在全球 90 多个国家和地区

机体尺寸

TOP10　波音 767-300BCF 货机

机身长度 61.4 米
机身高度 5.03 米
翼展 51.82 米

TOP9　波音 767-300F 货机

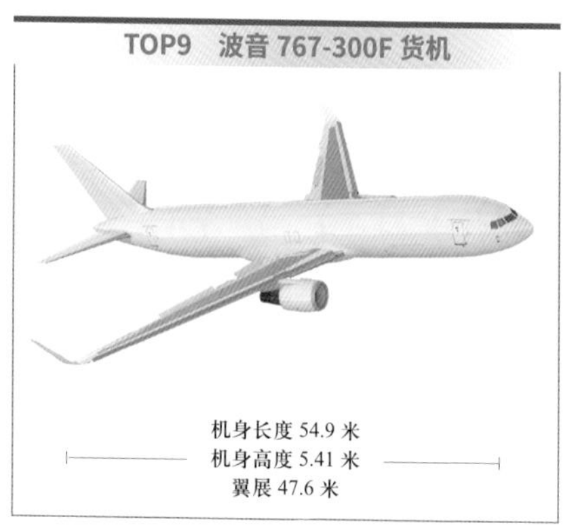

机身长度 54.9 米
机身高度 5.41 米
翼展 47.6 米

TOP8　空中客车 A300-600/600R 货机

机身长度 54.1 米
机身高度 16.54 米
翼展 44.84 米

TOP7　波音 757-200PF 货机

机身长度 47.32 米
机身高度 13.56 米
翼展 38.05 米

TOP6 波音 777F 货机

机身长度 63.73 米
机身高度 18.6 米
翼展 64.8 米

TOP5 道格拉斯 DC-10-30F 货机

机身长度 55.5 米
机身高度 17.7 米
翼展 47.3 米

TOP4 空中客车 A330-200F 货机

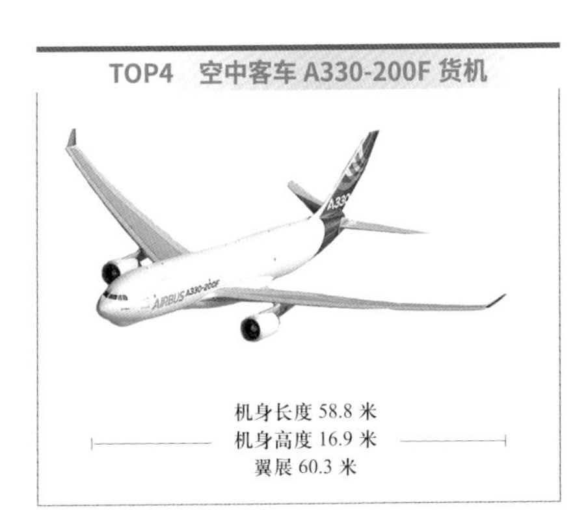

机身长度 58.8 米
机身高度 16.9 米
翼展 60.3 米

TOP3 波音 747-400LCF 货机

机身长度 71.68 米
机身高度 21.54 米
翼展 64.4 米

TOP2 空中客车 A300-600ST 货机

机身长度 56.15 米
机身高度 17.24 米
翼展 44.84 米

TOP1 波音 747-8F 货机

机身长度 76.3 米
机身高度 19.4 米
翼展 68.5 米

基本性能对比

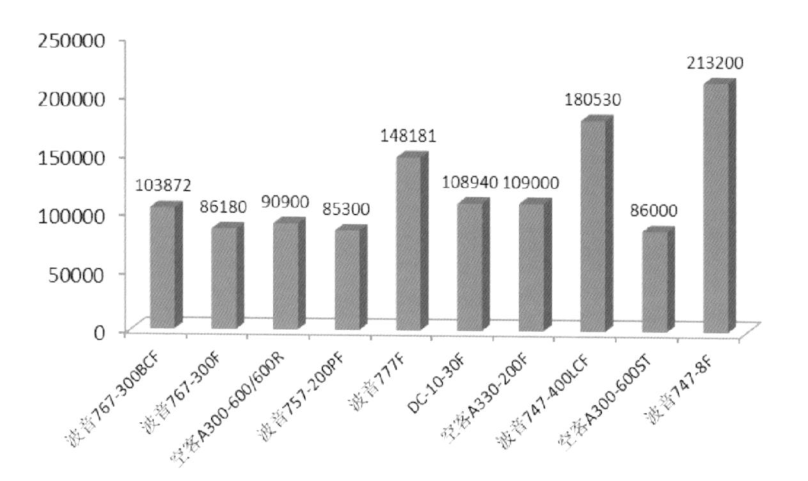

空重对比图（单位：千克）

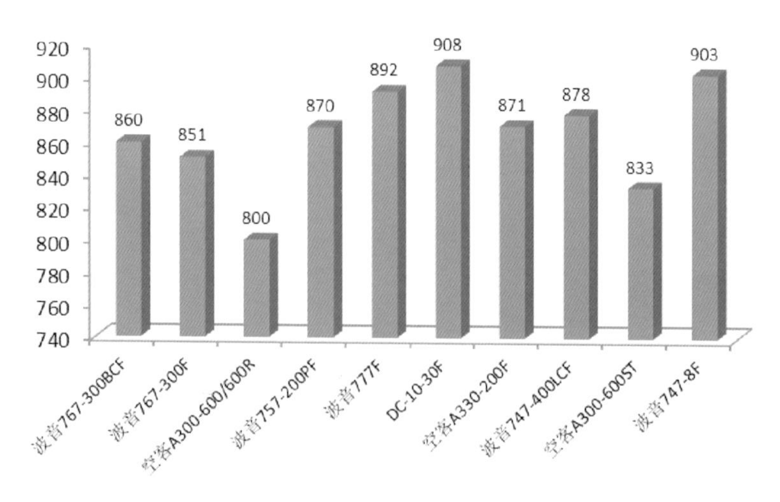

最大速度对比图（单位：千米/时）

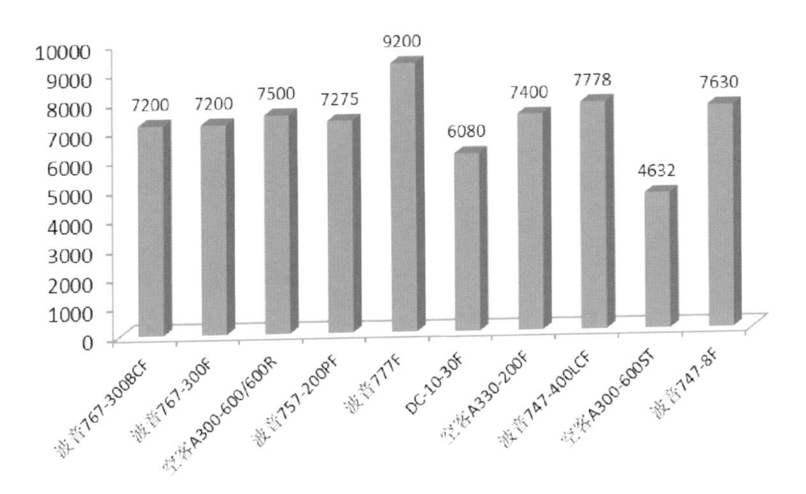

最大航程对比图（单位：千米）

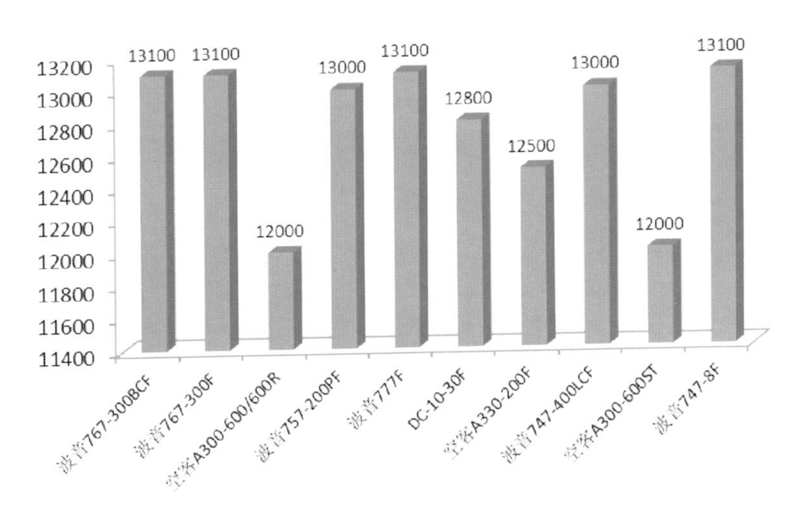

最高升限对比图（单位：米）

波音 767-300BCF 货机

波音 767-300BCF 是波音公司为了延长 767 服务时间而提出的货机改装计划。

排名依据

波音 767-300BCF 拥有 54 吨的载重量及 7200 千米的最大航程，等同于一架波音 767-300F 货机。

波音 767-300BCF 货机

建造历程

由于波音 787 投产后，预期会有大量的波音 767 被淘汰。为了协助客户处理手上的波音 767 客机，波音公司于 2005 年宣布启动“767-300 改装货机”计划，即波音 767-300BCF，这是一种改进的客货两用机型。波音公司于 2005 年 11 月 1 日宣布全日空为首家波音 767-300BCF 客户，签约改装 3 架 767-300 型客机并保留 4 架选择权。第一架波音 767-300BCF 于 2008 年年初交付。

机体构造

波音 767-300BCF 由现有的波音 767 客机改装而来，机身左侧前方将加开一道货舱门，地板及机身结构被加强，加设货物搬运系统、地面嵌板、货舱轨道、墙壁及天花板布置等。

波音 767-300BCF 货机侧面特写

波音 767-300BCF 货机侧下方特写

运输性能

波音 767-300BCF 货机比 767-300 其他型号拥有超大体积、更高载重、超远航程，曾有报道称该机能装下 10 只大象，总重 5 吨，而且一次可飞 7000 千米，5 次就能绕地球赤道一圈。

波音 767-300BCF 货机前侧面特写

波音 767 的版本可为多种军事和政府部门应用，其职责范围从机载监视和加油到货物和 VIP 运输。

波音 767-300BCF 货机正在降落

9 TOP 波音 767-300F 货机

波音 767-300F 是波音 767 系列中的货机型号。

排名依据

波音 767-300F 最多可容纳 24 个标准的 220 厘米 x 320 厘米货盘，在其主甲板上可放置多达 30 个 LD2 集装箱，最大巡航速度能够达到 851 千米 / 时。

波音 767-300F 货机结构

建造历程

虽然波音 767 的机身阔度不足，限制了它在全货机方面的发展。但在 1993 年，美国联合包裹服务公司（UPS）还是一口气订购了 30 架货运型，即波音 767-300F。该机于 1995 年 6 月首飞，同年 10 月投入运营。其他航空公司也少量购买了波音 767-300F，包括全日空、智利航空、韩亚航空等。截至 2020 年 10 月，波音 767-300F 货机订单已达 232 架。

波音 767-300F 货机前侧面特写

机体构造

波音 767-300F 采用垂直尾翼，机身中部翼下分别布置有一台发动机，加强了机身中段和起落架。波音 767-300F 拥有两台涡轮风扇发动机（普惠 JT9D 或通用电气 CF6）、常规尾翼和超临界机翼，有效减少了飞行中的气动阻力。

波音 767-300F 货机后侧面特写

运输性能

波音 767-300F 货机比波音 767-200 加长了 6.43 米，载客能力增加了 20%，货舱容积也增加了 31%。主舱货柜容量为 336.5 立方米，底层货舱为 117.5 立方米，在满载 50 吨货物的时候可飞行 6000 千米。

波音 767-300F 货机正在降落

趣闻逸事

波音 767-300ER 是波音 767-300 型的加大航程型，1992 年首次飞行横跨太平洋航线，成为整个波音 767 系列产量最多的型号。

波音 767-300F 货机在工厂进行组装

空中客车 A300-600/600R 货机

A300-600/600R 是欧洲空中客车公司 A300 系列中的货机型号。

排名依据

A300-600/600R 是 A300 系列最后一个产品，已通过了 180 分钟双发延程飞行，最高续航力可达 7500 千米。

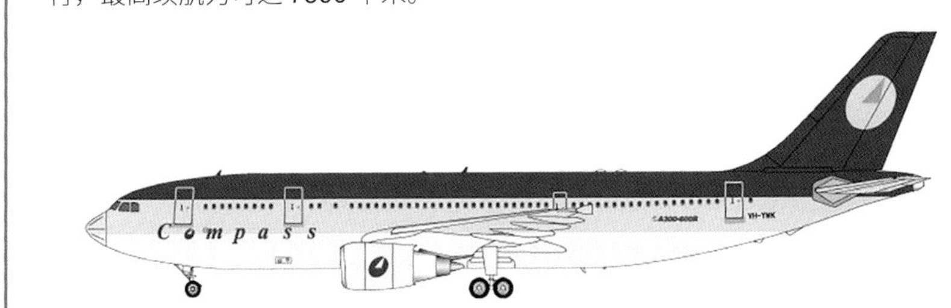

空中客车 A300-600/600R 货机结构示意图

建造历程

空中客车公司凭借 A300 的名声，在此基础上发展出了 A310、A330 及 A340 等众多型号的客机。之后，空中客车公司开始向货机进军，推出了 A300-600/600R 货机。A300-600/600R 于 1983 年 7 月 8 日进行了第一次飞行，1994 年投入商业运营。

机体构造

空中客车 A300-600/600R 货机机身较短，采用悬臂式中单翼，尾翼较小，所有翼面均后掠。机身采用普通半硬壳结构，截面呈圆形，主要部件由高强度铝合金、钢或钛合金制造，高应力部位采用整体机加壁板蒙皮，其余部分为蜂窝壁板和复合材料。起落架采用液压可收放前三点式，紧急情况可靠重力放下，双轮式前起落架向前收入机身，4 轮小车式主起落架向内收入机身。

空中客车 A300-600/600R 货机正在降落

空中客车 A300-600/600R 货机侧面特写

运输性能

A300-600/600R 货机通过对机身进行减阻修整和采用新的发动机，显著提高了有效载荷 / 航程，最大起飞重量达 170 500 千克，拥有一套数字化自动飞行操纵系统。机上还装一套 ARINC717 数据记录系统。自动着陆系统可提供 II 类气象条件下自动进场和着陆。

空中客车 A300-600/600R 货机正面特写

趣闻逸事

A300-600/600R 的正式名称为“A300B4-600R”，自 1989 年以来制造的所有 A300（包括货机）均为 A300-600R。

空中客车 A300-600/600R 货机正在起飞

波音 757-200PF 货机

波音 757-200PF 是波音 757 系列中的货机型号。

排名依据

波音 757-200PF 货机最大起飞重量为 113 400 千克，在最大业载的情况下，其航程约为 7275 千米。

波音 757-200PF 货机结构

建造历程

波音 757 是波音公司开发的中型单通道窄体民航客机，用于替换波音 727，并在客源较少的航线上作为波音 767 的补充。1983 年，波音 757 开始投入服务。1985 年，美国联合包裹公司（UPS）订购货机版本后，波音公司开始制造波音 757-200PF 货机版，1987 年 9 月开始交付使用。除此之外，还有波音 757-200SF 特殊货运型、波音 757-200M 客货混合型。

机体构造

虽然 T 形尾翼拥有风阻小的优点，但因为容易使飞机失速，最终波音 757-200PF 的设计仍使用传统的垂直尾翼。波音 757-200M 客货混合型，保留了标准客舱和客舱其他设备，货舱与波音 757-200PF 相同，仅生产 1 架，于 1988 年交付尼泊尔航空公司。

波音 757-200PF 货机侧下方特写

波音 757-200PF 货机后侧面特写

运输性能

由于采用 2 台高涵道比发动机并实行 2 人驾驶制，与早期采用 3 人驾驶制、装 4 台发动机的标准机身货机相比，波音 757-200PF 货机的成本较低。

波音 757-200PF 货机前侧面特写

波音757-200型是波音757系列的主要型号，在生产的波音757中占大多数。

波音 757-200PF 货机正在起飞

6 TOP 波音 777F 货机

波音 777F 是波音 777 的全货运型号。

排名依据

波音 777F 货机的运力开了很多双发货机的先河，与老式货机相比，波音 777F 具有较好的经济性，有很大的货物容积和非常高的推重比，它以更低的油耗、维修和运营成本把波音 777 系列飞机以更高的效率引入货运市场。波音 777F 能满足航空公司货运市场洲际飞行和跨太平洋的需要，使其成为为数不多的超远程双发货机。

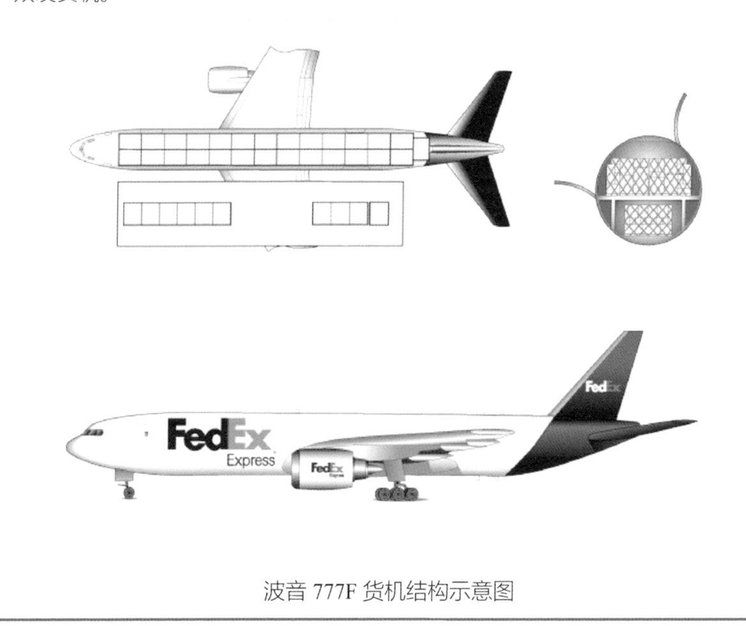

波音 777F 货机结构示意图

建造历程

波音 777F 项目于 2005 年 5 月 24 日启动。2008 年 5 月 21 日，波音公司举行了波音 777F 货机的下线仪式，首架飞机交付法国航空公司。2010 年，波音 777F 通过了欧洲航空安全局的正式审批。欧洲航空安全局认可美国联邦航空管理局于 2009 年 2 月 3 日波音 777 货机签发的机型认证。此次认证正式确认波音 777F 货机业已达到美国联邦航空管理局和欧洲航空安全局规定的严格的设计和测试要求，使该机型可投入全球的货运市场运营。截至 2019 年 8 月，已向 23 家不同的客户交付了 170 架波音 777F 货机。

机体构造

波音 777F 采用了斜削式翼梢的先进机翼设计，翼展比先前的波音 777-200 客机略大一些，但整个外观非常协调。由于外观上取消了旅客窗户的设计，使机身显得更完整、更修长。波音 777F 货机广泛使用了更先进的驾驶舱，主要的飞行、导航和发动机信息被显示在 6 个大型显示屏上，取消了时钟备用速度表等传统设计，这种设计后期被波音最新的波音 777X 所有系列的新飞机采用。

波音 777F 货机前侧面特写

波音 777F 货机编队

运输性能

波音 777F 主舱可装载 27 个 2 米 ×3 米标准货板。行业标准的 3.1 米高货板可通过主货舱门装载，充分利用飞机的货舱空间。下部货舱可装载 10 个货板，以及 17 立方米的散货。波音 777F 货机可以完美地融入现有的货运业务，并与波音 747 货机充分兼容。

波音 777F 货机正在起飞

由于波音 **777F** 能轻松容纳上百吨的货物，因此波音 **777F** 货机也被称为货机中的“美男子”“大力士”“长腿王”“赚钱机器”。

飞行中的波音 777F 货机示意图

5 TOP 道格拉斯 DC-10-30F 货机

DC-10-30F 是道格拉斯公司设计并生产的三发宽体货运机型号。

排名依据

DC-10-30F 可用于远程国际航线，一方面，它是同级别飞机中效率最高的，经济性能也较好。另一方面，它的动力强劲，尤其在远程货机市场中，有“民机中的C-130”之称。

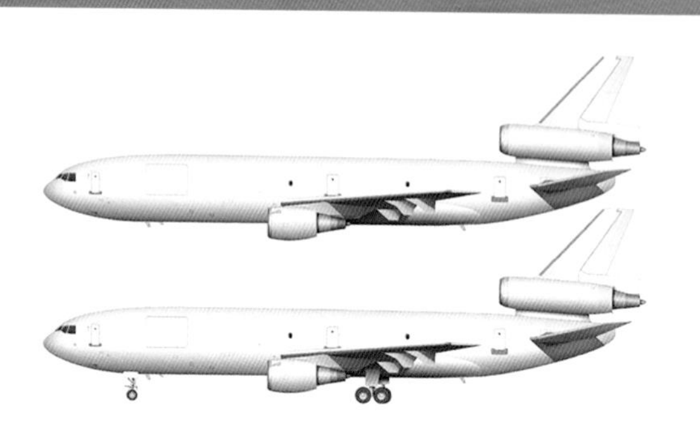

道格拉斯 DC-10-30F 货机

建造历程

20 世纪 80 年代以后，伴随着石油危机的到来，以及空中客车 A300 的问世，相对耗油的道格拉斯 DC-10 逐渐丧失订单。后来，DC-10 凭借三发动机在最大起飞重量上的优势，被改装成全货机用途，型号为 DC-10-30F。于 1986 年 1 月交付使用，共获 9 架订单，于 1988 年 10 月交付完毕。

道格拉斯 DC-10-30F 货机侧面特写

机体构造

DC-10-30F 属于纯运输机，不带舷窗，机身中部两侧翼下分别布置有

1 台发动机，机身后部上方也装有 1 台发动机。DC-10-30F 机身前部增加了一个 3.56 米 ×2.59 米的大型货舱门，并对机身进行了加强。货舱内可铺设装货滚珠、滚棒系统，装货导轨可调节。

道格拉斯 DC-10-30F 货机进入跑道

运输性能

DC-10-30F 除不能载客外，其他特点均等同于 DC-30CF 客货型。采用 3 台 CF6-50C2 涡扇发动机，载货 80282 千克，最大起飞重量达 263 085 千克。主货舱可装载 23 个标准集装箱或 51 个小型集装箱，下层货舱可装散装货物，机尾还有小型货舱。

道格拉斯 DC-10-30F 货机侧下方特写

趣闻逸事

DC-10 的“空难”事故中，大部分并不是由于飞机本身设计上有缺陷。很多空难是由于飞行员的人为操作失误，或是恶劣的气象原因，甚至是航管指挥失误，还有炸弹爆炸等恐怖袭击所致。

道格拉斯 DC-10-30F 货机侧面特写

空中客车 A330-200F 货机

A330-200F 是空中客车 A330 系列中的全货机型号。

排名依据

A330-200F 是目前唯一一种新推出的中型货机，在选用“航程模式”时，航程可达 7400 千米，可以运载 69 吨货物。在选用“业载模式”时，可以运载 70 吨货物，航程可达 5930 千米。与竞争机型相比，A330-200F 拥有更好的布局灵活性，航程更远，运载货物更多。

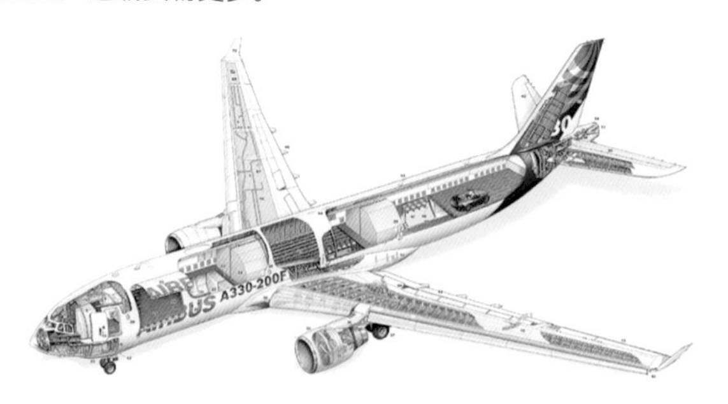

空中客车 A330-200F 货机结构示意图

建造历程

2007 年，空中客车公司在停产 A300 和 A310 货机后，推出了 A330-200F 货机。A330-200F 货机是空中客车 A330 系列飞机家族的新成员，主要用于替换 50 ～ 70 吨级的老旧中型货机，还可以帮助航空公司增加在一些低频远程货运市场的运输能力。A330-200F 货机于 2009 年 11 月 5 日在图卢兹首飞，2010 年 4 月 9 日获得欧洲航空安全局的型号认证。

空中客车 A330-200F 货机侧面特写

机体构造

与标准的 A330-200 相比，A330-200F 型换装了新型的大尺寸前起落架，起落架舱为此也进行了重新设计。前起落架可以在地面停放时升高，使货舱保持水平，以方便货物装载。

空中客车 A330-200F 货机在高空飞行

运输性能

A330-200F 可以在主货舱并排安装 23 个货盘，或者有其他的布局方式：比如单排安装 16 个货盘、9 个 AMA 集装箱，同时下层货舱还可以安装 8 个下层货舱货盘和 2 个 LD3 集装箱。

空中客车 A330-200F 货机正在起飞

趣闻逸事

A330-200F 型货机在 2010 年新加坡航空展期间进行静态展示，这是该款机型首次公开亮相。

空中客车 A330-200F 货机前侧面特写

波音 747-400LCF 货机

波音 747-400LCF 货机是波音公司设计的特殊大型货机。

排名依据

波音 747-400LCF 采用全世界首创的机尾横向开启设计，使日后装卸大型复合材组件更为快速、方便。其独特的设计包括在装载货物时呈弧状展开的整个后机身。扩大上部机身的改装完毕之后，主货舱的容量将增至 1845 立方米，是定期航班服务中最大的货机。

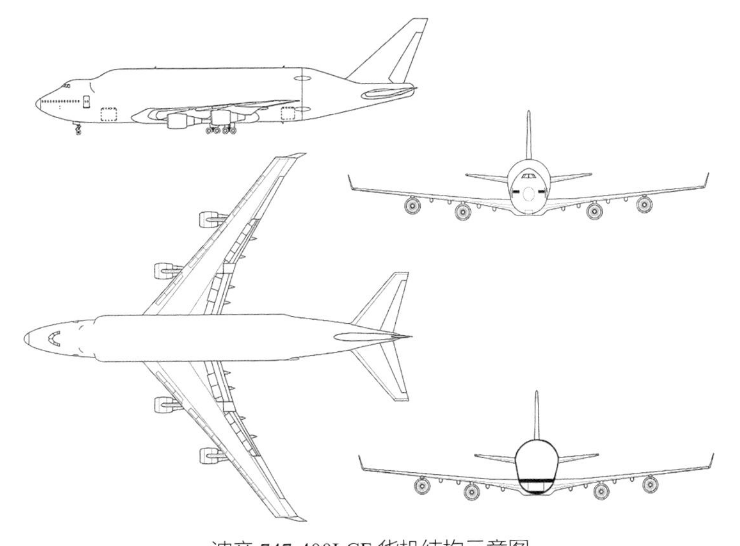

波音 747-400LCF 货机结构示意图

建造历程

波音 747-400LCF 货机尾部特写

波音 747-400LCF 是因波音 787 客机的生产而衍生出的产品，由波音 747-400 型客机改造而来。早在 2004 年，波音公司就已经完成了波音 747-400 LCF 的设计。该机于 2006 年 9 月首次试飞。

机体构造

波音 747-400 LCF 货机是在波音 747-400 客机的基础上改进而来的，除机体上的大幅修改外，机翼设计也有小幅变更。波音 747-400 LCF 的机翼原本仍保持波音 747-400 的形状，但试飞后数据显示装有翼尖小翼会造成不规则扰动，最终波音决定移除翼尖小翼。此外，波音 747-400 LCF 的货舱容量比波音 747-400 大 3 倍（1845 立方米），垂直尾翼则增加了 1.5 米以提升操纵力，机尾则增加了 3 米。与一般大型货机经常采用的“掀罩式”货舱门不同，在装卸货物时波音 747-400 LCF 的货舱门是以横向方式开启，让波音 787 的大型零组件能够简单而迅速地装卸，缩短生产线时间。

波音 747-400LCF 货机正在降落

运输性能

波音 747-400LCF 主要用于载运波音公司新研发的“787 梦想飞机”在世界各地制造的如机身、机翼等大型复合材组件运回波音美国华盛顿州埃弗雷特厂完成最终组装。

波音 747-400LCF 货机在高空飞行

趣闻逸事

波音 747-400LCF（Boeing 747-400 Large Cargo Freighter），正式官方命名“波音 747 梦想运输者”，LCF 的意思即超大型货运机型。

波音 747-400LCF 货机前侧面特写

2 TOP 空中客车 A300-600ST 货机

A300-600ST“大白鲸”是空中客车公司设计并生产的用来运送新型飞机部件的特殊用途货机。

排名依据

虽然 A300-600ST 通常被定位为以 A300-600R 为基础所设计的衍生机种，但 A300-600ST 实际上几乎等于是一架全新设计的飞机。造型奇特的巨大背部结构绝对是这款飞机之所以迥异于传统货机的地方，由于其无可匹敌的巨型货舱体积，A300-600ST 货机一直服务于航空航天、军事和其他超大型货运市场，运送各种各样的货物。

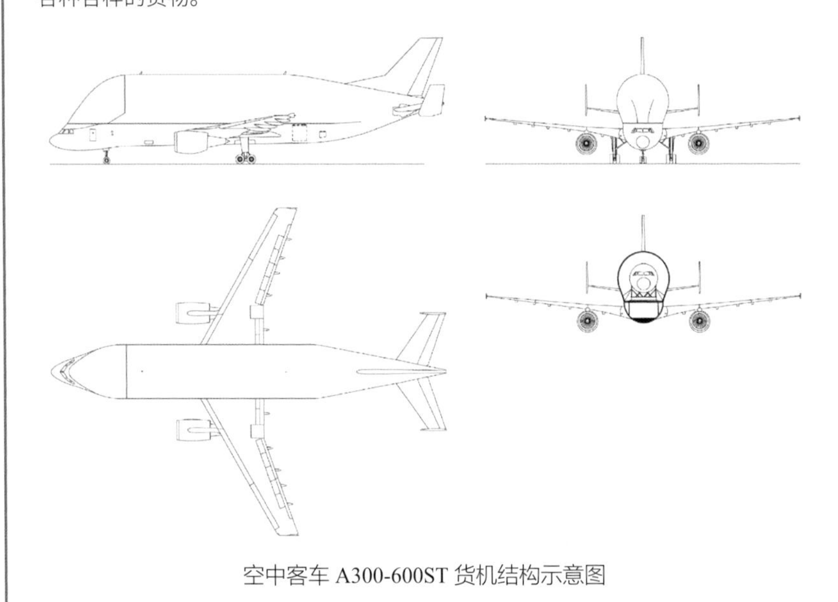

空中客车 A300-600ST 货机结构示意图

建造历程

1992 年 9 月，空客 A300-600ST 一号机开工建造并且在 1993 年 1 月 11 日开始一号机的最后组装。1994 年 9 月进行了首次飞行。在 335 小时的试飞测试之后，空客 A300-600ST 在 1995 年 10 月获得认证，并投入使用。在一号机完成之后，空客公司继续以大约每年一架的速度继续生产了 4 架 A300-600ST，使得 A300-600ST 队伍增加到了 5 架，最后一架五号机在 2000 年时服役。

空中客车 A300-600ST 货机正在装运货物

机体构造

A300-600ST 拥有一个圆筒状上段机身，为了配合机身加大后造成的空气力学改变，原本 A300-600/600R 货机的垂直尾翼与水平尾翼都加大了面积，并且在水平尾翼末端增加两个垂直小翼来提升飞行时的稳定性。为了方便大型货物的进出，A300-600ST 采用大型货机常用的“掀罩式”货舱门，可以向上掀开 67.25 度。此外，A300-600ST 的驾驶舱相比 A300-600/600R 而言往下移了许多，变成一个很奇特的“尖鼻”模样。

运输性能

A300-600ST 是一种用来运送新造飞机半成品的特殊用途货机，拥有容积超大的货舱，其 1400 立方米的货舱中最多可以装载 47 吨的业载，不经停飞行 1666 千米，还能在搭载 31 吨沉重业载的情况下飞越大西洋。

空中客车 A300-600ST 货机前面特写

空中客车 A300-600ST 货机正在起飞

趣闻逸事

A300-600ST 货机名称中的 ST 代表“Super Transporter（超级运输机）”，这是官方初始名称。但由于 A300-600ST 的造型过于独特，所以又得到“大白鲸”这个昵称并得到官方的承认。

空中客车 A300-600ST 货机在高空飞行

波音 747-8F 货机

波音 747-8F 货机是波音 747-400ERF 的衍生货机型号。

排名依据

与波音 747-400LCF 货机相比，波音 747-8F 的收益货运空间增加了 16%，航程也更远。波音 747-8F 可额外搭载 23 吨的货物，或是在对货物密度要求较小时，航程可增加 2593 千米，比其他任何货机的吨英里成本更低，且波音 747-8F 的空重还比 A380 货机轻 95 吨。

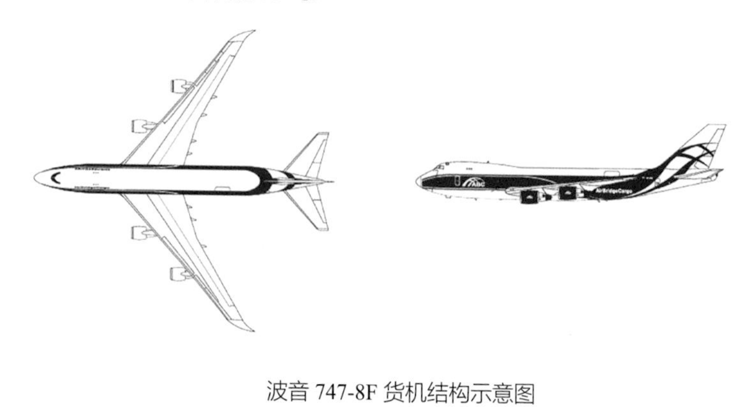

波音 747-8F 货机结构示意图

建造历程

2005 年 11 月 14 日，面对全球民用航空市场的激烈竞争，波音公司在客户确认订购 18 架波音 747-8F 货机之后，启动了波音 747-8F 项目。2011 年 10 月 12 日，首架波音 747-8F 货机已交付给启动用户卢森堡货航。

机体构造

波音 747-8F 的新机翼包括采用线传飞控的外侧副翼，机翼顶部的扰流器同样采用线传飞控，重新设计的克鲁格襟翼从波音 747-8F 机翼的前缘伸出。发动机舱和排气喷嘴呈 V 形，能够降低发动机噪声，比老式波音 747 机型低 30%。绿色涂层是保护层，用于保护铝结构，保护层会在喷漆前清除。

波音 747-8F 货机底部特写

英国航空货运的波音 747-8F 货机

运输性能

波音 747-8F 货机在具备前鼻门装货能力的情况下，可容纳业界标准的 3 米高货盘，117 立方米的额外空间可多装载 4 个主舱货盘和 3 个下货舱货盘，标准货柜数量也多出 7 个。运营中的实际载货密度能力可达 15 千克 / 立方米。

波音 747-8F 货机正在起飞

趣闻逸事

2010 年 2 月 8 日，波音 747-8F 在美国华盛顿州埃弗里特成功试飞，首次试飞时间比原计划推迟了 1 年。执行首飞任务的波音 747-8F 货机当天中午于华盛顿州的帕伊内菲尔德机场起飞，飞行持续了将近 4 个小时，并降落于西雅图。

波音 747-8F 货机前侧面特写

第4章 公务机

公务机是在行政事务和商务活动中用作交通工具的飞机，具有省时、高效、安全、隐私性强、彰显尊贵等特点；对航空公司来说，公务机市场前景广阔，而一架公务机的价格仅为一架民航机的零头。本章详细介绍了公务机制造史上影响力最大的 20 种型号，并根据核心技术、综合性能、单位造价、建造数量等因素进行了客观公正的排名。

整体展示

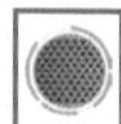

建造数量、服役时间及研制厂商

TOP20　飞鸿 300 公务机	
建造数量	500 架
服役时间	2009 年至今
巴西航空工业公司	巴西航空工业公司是巴西的一家航空工业集团，成立于 1969 年，业务范围主要包括商用飞机、公务飞机和军用飞机的设计制造，以及航空服务。现为全球最大的 120 座级以下商用喷气飞机制造商，占世界支线飞机市场约 45% 市场份额

TOP19　湾流 G350 公务机	
建造数量	900 架
服役时间	2005 年至今
湾流飞机公司	湾流飞机公司是目前世界上生产豪华、大型公务机的著名厂商。1999 年由通用动力公司完全收购，其主要产品为“湾流”系列飞机。湾流飞机公司已生产了 1300 多架飞机，广泛应用于民用、商业、政府机构、私人、军用等各个领域

TOP18　环球 7000 公务机	
建造数量	11 架
服役时间	2018 年至今
庞巴迪宇航公司	庞巴迪宇航公司是世界上第三大的飞机制造商（仅次于波音及空中客车），是在三个不同国家具有完备的研发、设计、制造、销售飞机能力的生产商，市场营销和生产管理都具有相当的灵活性

TOP17 猎鹰 2000 公务机	
建造数量	607 架
服役时间	1995 年至今
达索公司	达索公司是法国的一家飞机制造商，亦是世界主要军用飞机制造商之一，具有独立研制军用和民用飞机的能力。达索公司多年来主要以军用飞机为经营重点，进入 20 世纪 90 年代后开始在高级政府使用公务机领域发展

TOP16 世袭 1000 公务机	
建造数量	28 架
服役时间	2009 年至今
巴西航空工业公司	巴西航空工业公司是巴西的一家航空工业集团，成立于 1969 年，业务范围主要包括商用飞机、公务飞机和军用飞机的设计制造，以及航空服务。现为全球最大的 120 座级以下商用喷气飞机制造商，占世界支线飞机市场约 45% 市场份额

TOP15 霍克 800 公务机	
建造数量	650 架
服役时间	1993—2013 年
豪客比奇公司	豪客比奇公司是世界领先的公务及特殊任务飞机制造商，主要业务包括公务机、涡桨飞机、活塞发动机飞机的制造、飞机服务与保障以及飞机管理和租赁

TOP14 湾流 G450 公务机	
建造数量	365 架
服役时间	2004 年至今
湾流飞机公司	湾流飞机公司是目前世界上生产豪华、大型公务机的著名厂商。1999 年由通用动力公司完全收购，其主要产品为“湾流”系列飞机。湾流公司已生产了 1300 多架飞机，广泛应用于民用、商业、政府机构、私人、军用等各个领域

TOP13 猎鹰 900 公务机	
建造数量	500 架
服役时间	1986 年至今
达索公司	达索公司是法国的一家飞机制造商，亦是世界主要军用飞机制造商之一，具有独立研制军用和民用飞机的能力。达索公司多年来主要以军用飞机为经营重点，进入 20 世纪 90 年代后开始在高级政府使用公务机领域发展

TOP12 湾流 G200 公务机	
建造数量	250 架
服役时间	1999 年至今
湾流飞机公司	湾流飞机公司是目前世界上生产豪华、大型公务机的著名厂商。1999 年由通用动力公司完全收购，其主要产品为“湾流”系列飞机。湾流公司已生产了 1300 多架飞机，广泛应用于民用、商业、政府机构、私人、军用等各个领域

TOP11 豪客 4000 公务机	
建造数量	73 架
服役时间	2008 年至今
豪客比奇公司	豪客比奇公司是世界领先的公务及特殊任务飞机制造商，主要业务包括公务机、涡桨飞机、活塞发动机飞机的制造、飞机服务与保障以及飞机管理和租赁

TOP10 湾流 G280 公务机	
建造数量	200 架
服役时间	2012 年至今
湾流飞机公司	湾流飞机公司是目前世界上生产豪华、大型公务机的著名厂商。1999 年由通用动力公司完全收购，其主要产品为“湾流”系列飞机。湾流公司已生产了 1300 多架飞机，广泛应用于民用、商业、政府机构、私人、军用等各个领域

[illegible]	
建造数量	3781 架
服役时间	1990 年至今
豪客比奇公司	豪客比奇公司是世界领先的公务及特殊任务飞机制造商，主要业务包括公务机、涡桨飞机、活塞发动机飞机的制造、飞机服务与保障以及飞机管理和租赁

[illegible]	
建造数量	283 架
服役时间	2011 年至今
巴西航空工业公司	巴西航空工业公司是巴西的一家航空工业集团，成立于 1969 年，业务范围主要包括商用飞机、公务飞机和军用飞机的设计制造，以及航空服务。现为全球最大的 120 座级以下商用喷气飞机制造商，占世界支线飞机市场约 45% 市场份额

[illegible]	
建造数量	816 架
服役时间	2005 年至今
庞巴迪宇航公司	庞巴迪宇航公司是世界上第三大的飞机制造商（仅次于波音及空中客车），是在三个不同国家具有完备的研发、设计、制造、销售飞机能力的生产商，市场营销和生产管理都具有相当的灵活性

[illegible]	
建造数量	400 架
服役时间	2012 年至今
湾流飞机公司	湾流飞机公司是目前世界上生产豪华、大型公务机的著名厂商。1999 年由通用动力公司完全收购，其主要产品为“湾流”系列飞机。湾流公司已生产了 1300 多架飞机，广泛应用于民用、商业、政府机构、私人、军用各个领域

TOP5　环球 6000 公务机	
建造数量	315 架
服役时间	2012 年至今
庞巴迪宇航公司	庞巴迪宇航公司是世界上第三大的飞机制造商（仅次于波音及空中客车），是在三个不同国家具有完备的研发、设计、制造、销售飞机能力的生产商，市场营销和生产管理都具有相当的灵活性

TOP4　湾流 G550 公务机	
建造数量	600 架
服役时间	2003 年至今
湾流飞机公司	湾流飞机公司是目前世界上生产豪华、大型公务机的著名厂商。1999 年由通用动力公司完全收购，其主要产品为“湾流”系列飞机。湾流公司已生产了 1300 多架飞机，广泛应用于民用、商业、政府机构、私人、军用等各个领域

TOP3　比亚乔 P180 公务机	
建造数量	236 架
服役时间	1990 年至今
比亚乔公司	比亚乔公司是一家总部位于意大利热那亚的跨国航空制造公司，是世界上最古老的飞机制造商之一。主要业务包括航空器设计、开发、制造和维护飞机，航空发动机和飞机等结构部件

TOP2　挑战者 850 公务机	
建造数量	780 架
服役时间	2006 年至今
庞巴迪宇航公司	庞巴迪宇航公司是世界上第三大的飞机制造商（仅次于波音及空中客车），是在三个不同国家具有完备的研发、设计、制造、销售飞机能力的生产商，市场营销和生产管理都具有相当的灵活性

TOP1 猎鹰 7X 公务机	
建造数量	289 架
服役时间	2007 年至今
达索公司	达索公司是法国的一家飞机制造商，亦是世界主要军用飞机制造商之一，具有独立研制军用和民用飞机的能力。达索公司多年来主要以军用飞机为经营重点，进入 20 世纪 90 年代后开始在高级政府使用公务机领域发展

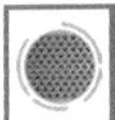

机体尺寸

TOP20 飞鸿 300 公务机

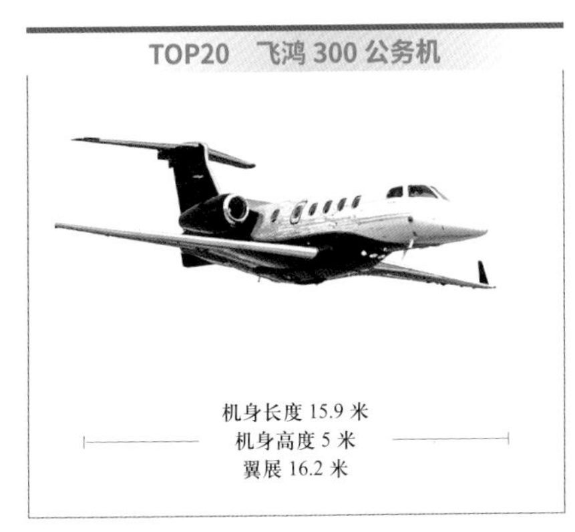

机身长度 15.9 米
机身高度 5 米
翼展 16.2 米

TOP19 湾流 G350 公务机

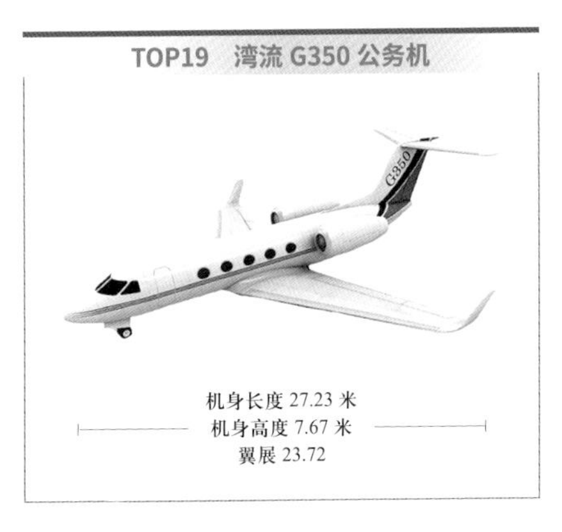

机身长度 27.23 米
机身高度 7.67 米
翼展 23.72

TOP18 环球 7000 公务机

机身长度 33.88 米
机身高度 8.2 米
翼展 31.7 米

TOP17 猎鹰 2000 公务机

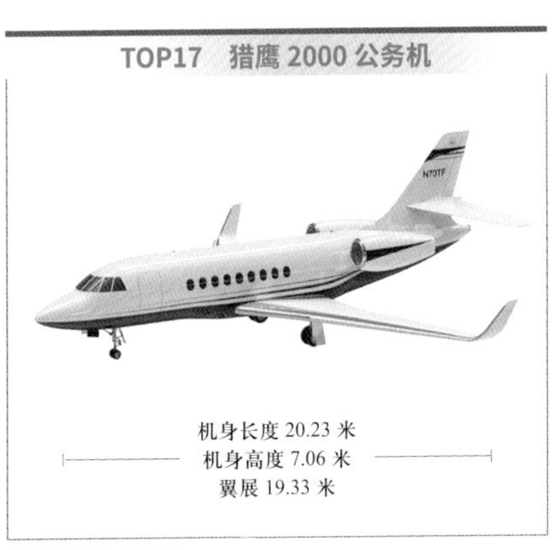

机身长度 20.23 米
机身高度 7.06 米
翼展 19.33 米

TOP16 世袭 1000 公务机

机身长度 36.24 米
机身高度 10.57 米
翼展 28.72 米

TOP15 豪客 800 公务机

机身长度 15.6 米
机身高度 5.5 米
翼展 16.5 米

TOP14 湾流 G450 公务机

机身长度 27 米
机身高度 7.67 米
翼展 23 米

TOP13 猎鹰 900 公务机

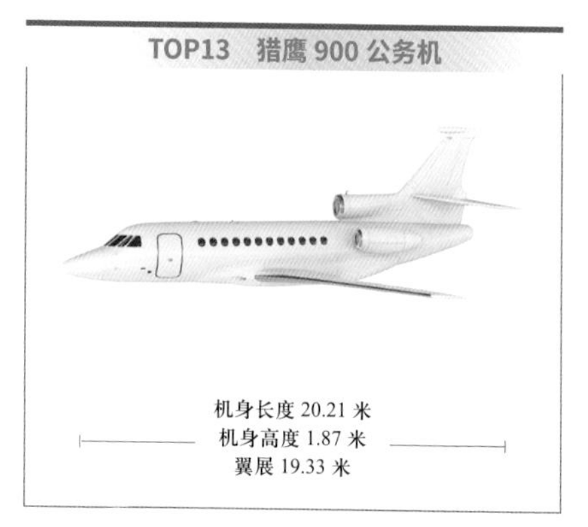

机身长度 20.21 米
机身高度 1.87 米
翼展 19.33 米

TOP12 湾流 G200 公务机

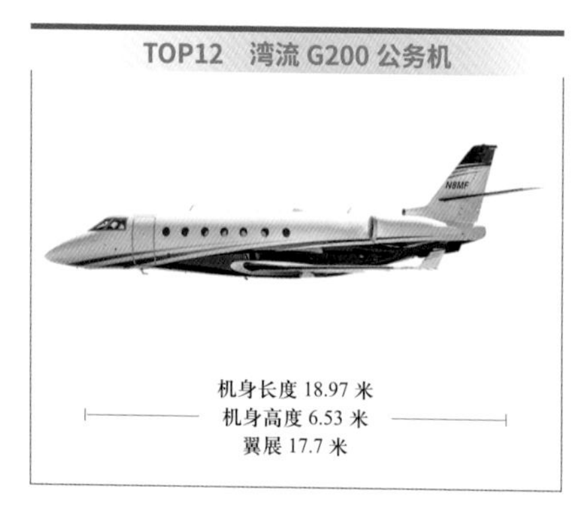

机身长度 18.97 米
机身高度 6.53 米
翼展 17.7 米

TOP11 豪客 4000 公务机

机身长度 21.1 米
机身高度 5.97 米
翼展 18.82 米

TOP10 湾流 G280 公务机

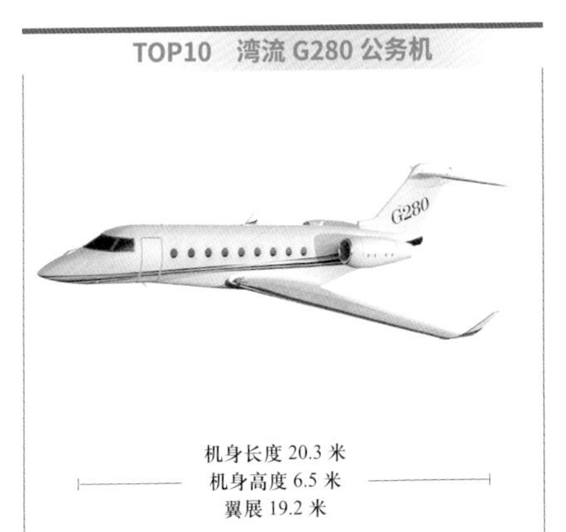

机身长度 20.3 米
机身高度 6.5 米
翼展 19.2 米

TOP9 空中国王 350 公务机

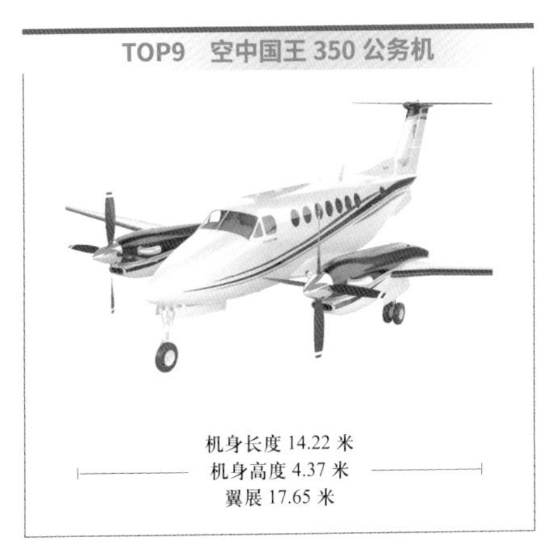

机身长度 14.22 米
机身高度 4.37 米
翼展 17.65 米

TOP8 莱格赛 650 公务机

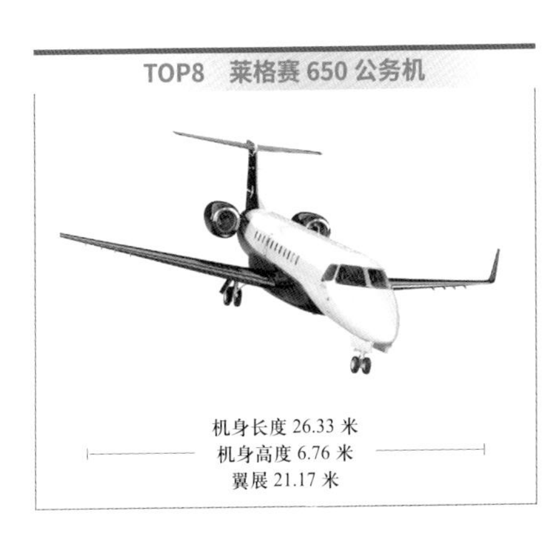

机身长度 26.33 米
机身高度 6.76 米
翼展 21.17 米

TOP7 环球 5000 公务机

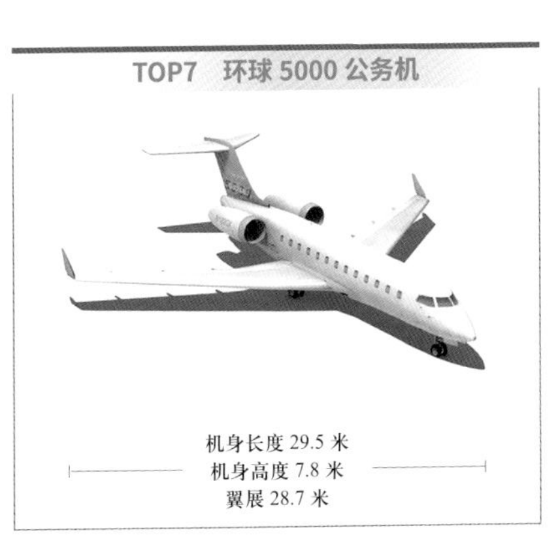

机身长度 29.5 米
机身高度 7.8 米
翼展 28.7 米

TOP6 湾流 G650 公务机

机身长度 30.41 米
机身高度 7.72 米
翼展 30.36 米

TOP5 环球 6000 公务机

机身长度 3.3 米
机身高度 28.7 米
翼展 7.8 米

TOP4　湾流 G550 公务机

机身长度 29.39 米
机身高度 7.87 米
翼展 28.5 米

TOP3　比亚乔 P180 公务机

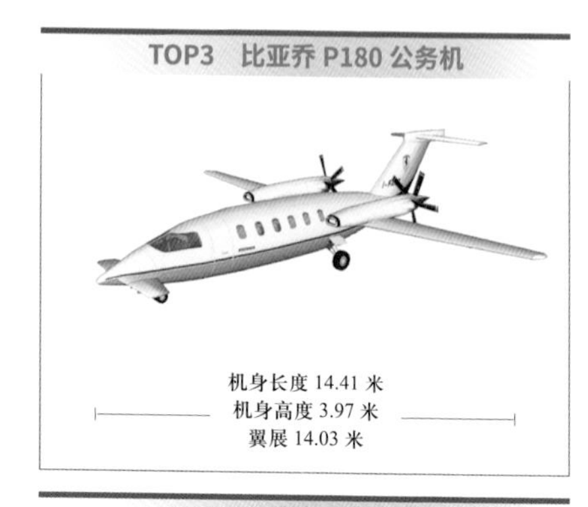

机身长度 14.41 米
机身高度 3.97 米
翼展 14.03 米

TOP2　挑战者 850 公务机

机身长度 26.77 米
机身高度 6.22 米
翼展 21.21 米

TOP1　猎鹰 7X 公务机

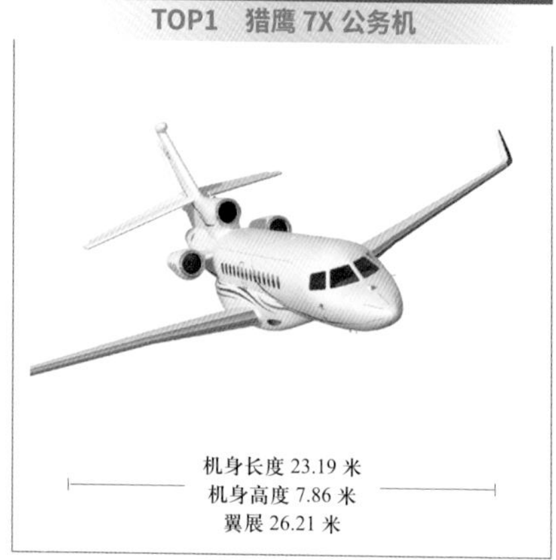

机身长度 23.19 米
机身高度 7.86 米
翼展 26.21 米

基本性能对比

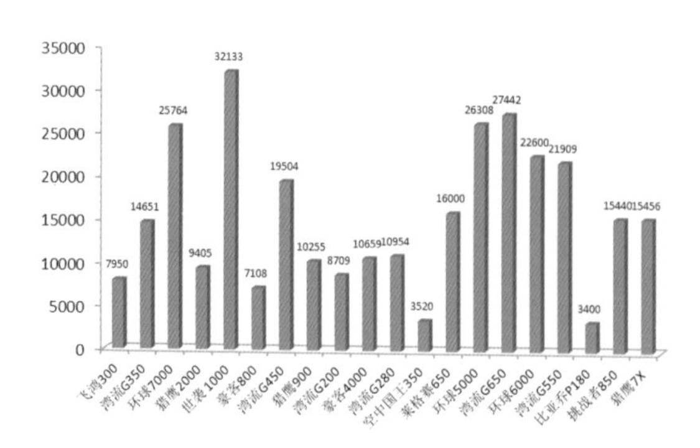

空重对比图（单位：千克）

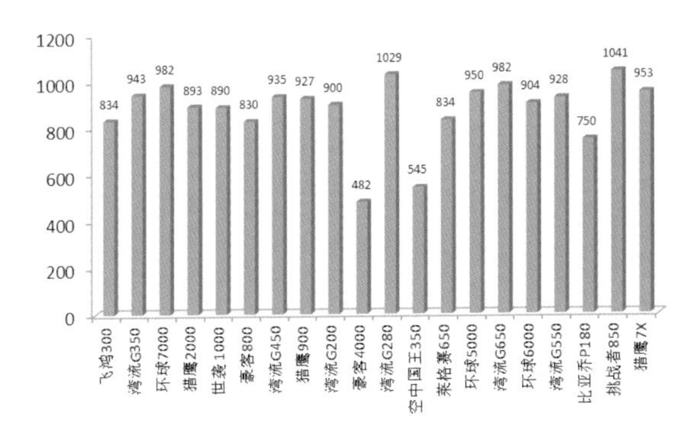

最大速度对比图（单位：千米 / 时）

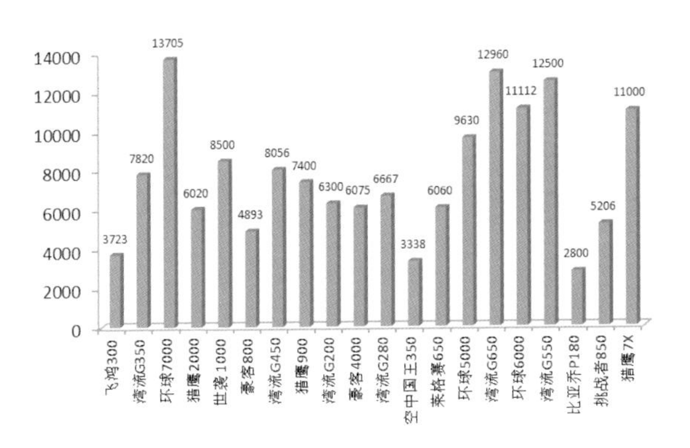

最大航程对比图（单位：千米）

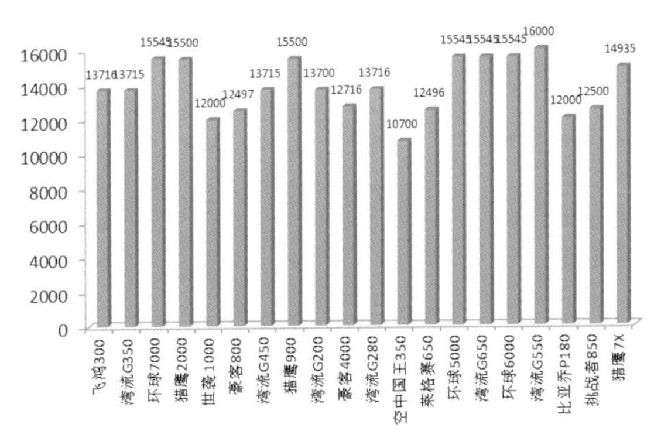

最高升限对比图（单位：米）

飞鸿 300 公务机

飞鸿 300 是巴西航空工业公司生产的一款双发喷气式公务机。

排名依据

巴西航空工业公司的飞鸿系列喷气式公务机各自为同级别的飞机树立了新标准。其中飞鸿 300 能够以 0.78 马赫的最大飞行速度达到 13716 米的飞行高度，是为短距起飞而设计。这些能力将使客户们能够以比同级别飞机更低的运营成本，不经停地从纽约直飞丹佛。

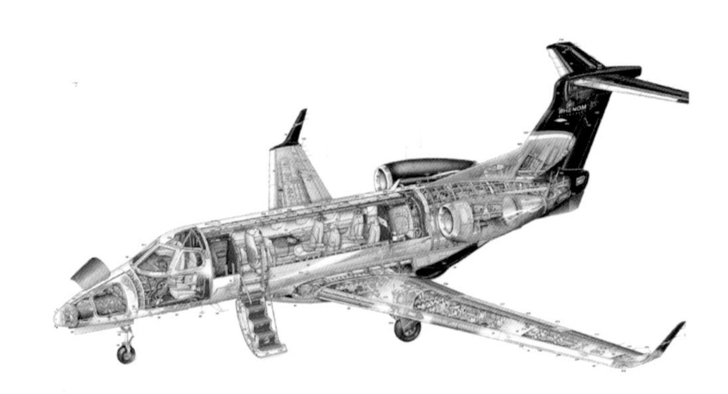

飞鸿 300 公务机结构示意图

建造历程

2008 年 4 月 29 日，飞鸿 300 喷气式公务机在加维奥·培肖特工厂的试飞跑道上成功地完成了首次试飞。2009 年 12 月 3 日获得型号认证。2009 年 12 月 29 日，正式交付第一架飞鸿 300 公务机。2020 年 1 月 31 日，巴西航空工业公司宣布将对飞鸿 300 进行重大升级。

飞鸿 300 公务机侧下方特写

机体构造

飞鸿 300 公务机采用了加装翼梢小翼的后掠翼、单一加油口和一个可从机外排污的盥洗室。容积达 2.15 立方米的超大行李舱可以方便地存放行李、高尔夫球具包和滑雪用具。动力装置为两台普惠加拿大公司的 PW535E 型发动机。

飞行中的飞鸿 300 公务机

运输性能

飞鸿 300 喷气式飞机所采用的客舱布局最多可搭载 9 名乘客。在单人驾驶时，可携带额外的乘客。在搭乘 6 名乘客，并满足美国公务航空协会规定的 35 分钟备份燃油和 100 海里备降距离的条件下，其航程最高可达 3723 千米。

飞鸿 300 公务机前侧面特写

趣闻逸事

根据最新的2018年度的世界各个主要公务机厂家的销售报告，飞鸿300单年度再次售出了53架，虽然与前几年相比，销售数据下降了不少，但是这个销量依然是非常亮眼和有竞争力的，说明了世界公务机市场对飞鸿300依然有着强劲的需求和超高的满意度。

飞鸿 300 公务机侧面特写

19 TOP 湾流 G350 公务机

湾流 G350 公务机是美国湾流飞机公司生产的远程喷气式公务机。

排名依据

湾流 G350 介于 G450 和 G250 之间，拥有大型座舱设计和中程续航能力，很好地填补了湾流产品序列中的空白，也满足了客户对舒适性和价格的要求。G350 出众的性能使其能够从华盛顿特区飞往美国大陆和阿拉斯加的任何地方、从迈阿密飞往里约热内卢。对于这样的航程，适应性将成为主要的考虑因素，湾流公司尽最大努力为 G350 的乘客提供了完美的座舱环境。

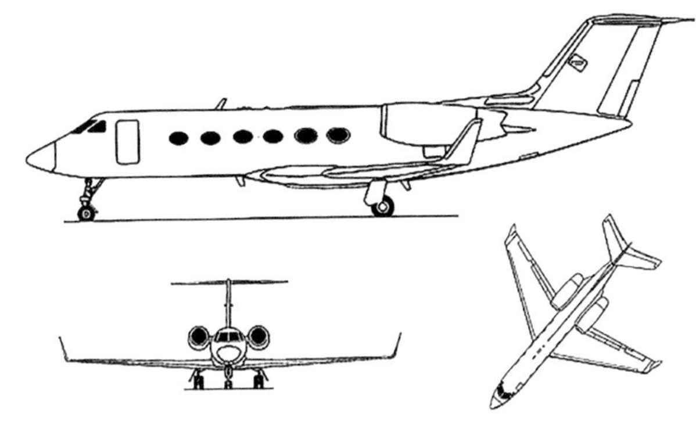

湾流 G350 公务机结构

建造历程

2003 年，湾流公司宣布对 G300/400 进行升级，G350 就是在 G300 基础上进行升级的产品，于 2005 年正式交付给客户投入商业运营。

湾流 G350 公务机在海上飞行

机体构造

G350 引入更加先进的驾驶舱技术，采用先进的电子飞行仪表系统，同时改善客舱整体环境和舒适度，进一步增加航程。在同级别的公务机种，G350 具有最宽敞的座舱空间，分为 3 个区域。每一个区域都可以独立控制温度，整个座舱都能通过 12 个椭圆形舷窗获取充足的自然光。G350 共有 6 种不同的座舱布局设计，三款前舱造型，三款后舱造型。G350 安装有全尺寸的厨房和最大的行李舱，而且行李舱区域与座舱完全相通，为乘客创造了便利的机上工作环境。高级可躺座椅能够成对拼接，为乘客营造舒适的睡眠空间。

湾流 G350 公务机侧面特写

运输性能

G350 宽敞的机舱足以在三个独立的座位区容纳 16 名乘客。以标准巡航速度 0.80 马赫飞行，在搭载 8 名乘客和 3 名机组人员的情况下，G350 能够连续飞行 7038 千米。强劲的动力使得 G350 能够在 20 分钟内爬升至初始巡航高度 12496 米，并可达到 13716 米的巡航高度。

湾流 G350 公务机前侧面特写

趣闻逸事

G350 的性价比很高，只需付出比超中型喷气式机多一些的费用，即可享受 G350 更佳的舒适性与性能。高效率的大型飞机只有在拥有吸引人的价格时才有意义。

飞行中的湾流 G350 公务机

TOP 18 环球 7000 公务机

环球 7000 公务机是加拿大庞巴迪宇航公司研制的大型喷气式公务机。

排名依据

这架航程为 13705 千米的喷气式公务机可以说是庞巴迪公司旗下最新、最大的一款超远程公务机。该机采用宽敞的四舱布局，为大型公务机开创了一个新的类别。在距离上，较之以往机型，环球 7000 能够直飞抵达更多机场。

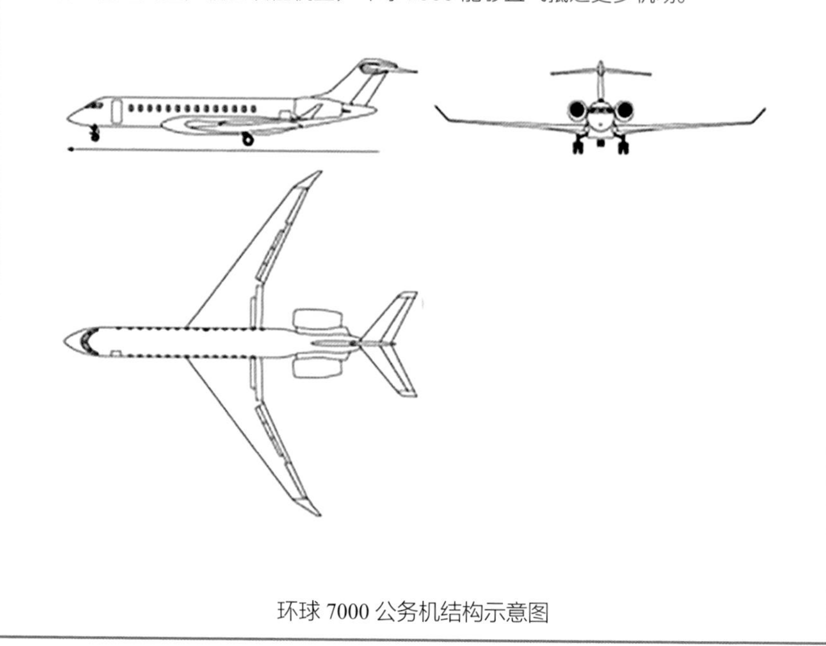

环球 7000 公务机结构示意图

建造历程

环球 7000 公务机项目于 2010 年启动，按照原计划，该机应在 2016 年交付。但基于公司层面的一些因素，庞巴迪宇航公司宣布环球 7000 公务机推迟两年交付，2018 年 4 月，飞行测试活动超过 1800 小时。2018 年 9 月 28 日，通过了加拿大运输部的型号认证，并于 2018 年 12 月 20 日开始服役。

环球 7000 公务机在高空飞行

机体构造

环球 7000 公务机采用下单翼和 T 形尾翼，机身左侧有 14 个舷窗，右侧有 16 个舷窗。环球 7000 公务机的舷窗面积较大，为客舱纳入更多自然光线，还拥有领先的庞巴迪视景驾驶舱。该机的窗户可根据座位的不同对自然光进行优化，具有优质的观景角度范围。所有 4 个休息区里，每个区域配有 6 个窗户，都根据不同的座位来合理调整。

环球 7000 公务机前侧面特写

运输性能

环球 7000 公务机拥有 74.67 立方米的客舱容积，凭借包括私人休息室在内的 4 个独立起居空间，它将为乘客提供宾至如归的工作、美食、睡眠、休闲和放松的环境。环球 7000 公务机的航程达到 13705 千米，可从北京直飞约翰内斯堡，上海直飞纽约，从纽约直飞迪拜。环球 7000 公务机不仅拥有开放性的公共空间，在四舱格局的机身后部也保留了安静的私密空间，并在设计中考虑了与其他区域的连通性。

环球 7000 公务机后侧面特写

趣闻逸事

2019 年 3 月，一架环球 7000 创造了有史以来专用公务机执行的最长任务的纪录，该飞机从新加坡飞往亚利桑那州图森市，飞行距离为 15098 千米，飞行时间为 16 小时。

环球 7000 公务机正在起飞

17 TOP 猎鹰 2000 公务机

猎鹰 2000 公务机是法国达索公司制造的双发远程宽体公务机。

排名依据

“猎鹰”2000是“猎鹰”900飞机的直系后代，配备罗克韦尔•科林斯公司的机舱控制系统，包含一台22英寸的高清显示器，通过苹果公司的iOS设备可以在飞机的任何地方对其功能进行无线控制。同时，还有一个专门的应用程序，允许乘客控制娱乐方式、窗帘、灯光和温度。

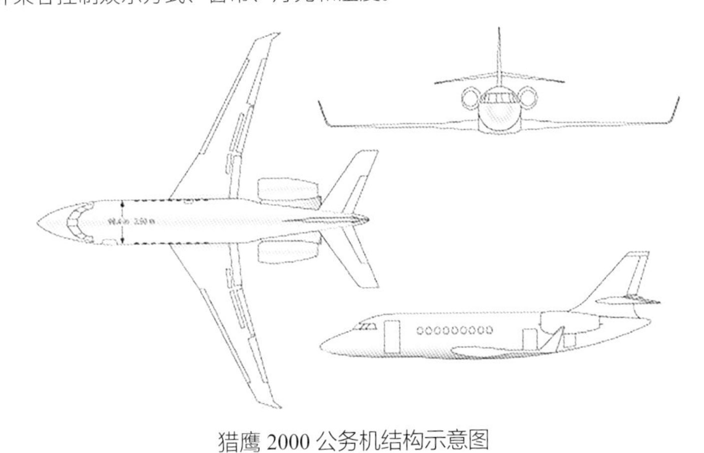

猎鹰2000公务机结构示意图

建造历程

1989年6月，法国达索公司在巴黎航展宣布了“猎鹰X”公务机的研制计划，用于取代猎鹰20/200公务机。1990年10月，该计划正式启动，首款新型飞机被命名为猎鹰2000公务机。该机于1993年4月首次试飞，1995年3月正式投入运营。

猎鹰2000公务机在高空飞行

机体构造

猎鹰2000公务机采用了猎鹰900公务机的前机身和机翼结构，与后者相比，猎鹰2000公务机在外观上最明显的改变是增大了机身后部的面积。

机舱内部也有一系列的改进，包括使用更好的隔音材料将噪音降低两个分贝。

运输性能

猎鹰 2000 公务机的客舱长 7.98 米，宽 2.34 米，高 1.88 米，方便乘客进行快捷的短途旅行。该机有 2 名机组人员，最多可以搭载 10 名乘客。在燃料充足的情况下，猎鹰 2000 公务机的最大航程超过 6000 千米，可从纽约直飞安克雷奇、新加坡直飞迪拜、北京直飞孟买。

猎鹰 2000 公务机前侧面特写

猎鹰 2000 公务机侧面特写

趣闻逸事

猎鹰 2000 公务机是著名篮球明星麦克格雷迪、车王舒马赫和德国前总理施罗德等国际名流的私人飞机，堪称私人飞机中的“战斗机”。

猎鹰 2000 公务机正在起飞

世袭 1000 公务机

世袭 1000 是巴西航空工业公司研发的大型喷气式公务机。

排名依据

世袭 1000 因其内部豪华配置，被称为飞机中的“房机”。出色性能、超远航程、宽敞客舱、优雅外观及豪华内饰是世袭 1000 公务机的特点。该机采用全球领先的电传操作系统，最大飞行速度达 0.82 马赫，内饰由巴西航空工业公司与英国最著名的设计公司之一普瑞斯特曼·古德公司共同设计，是唯一一款能够在阿斯彭机场和泰特波罗机场运营的超大型喷气式公务机。

世袭 1000 公务机结构示意图

建造历程

世袭 1000 是巴西航空工业公司七款喷气式公务机组合中的旗舰机型，于 2009 年投入运营。目前全球已有十余架世袭 1000 投入运营，签派可靠率平均达 99.94%。

世袭 1000 公务机侧面特写

机体构造

世袭 1000 配备了先进的电传操作系统，也拥有同级别中最为灵活的内饰搭配。飞机客舱空间比相同价格范围内竞争机型宽敞近两倍。机内设有 5 个私密空间、2 个洗手间，可选装第 3 个洗手间和 1 个站立式淋浴室，并具备充裕的工作、休息及会议空间，机上可供选装的项目有无线保真 (Wi-Fi) 技术、互联网接入和电子飞行包 (EFB)。飞机还可配备一间卧室、全套淋浴设施，并且拥有同级别机型中最大的步入式行李舱，乘客可在飞行途中自由进出。

飞行中的世袭 1000 公务机

运输性能

世袭 1000 搭载 8 名乘客时的航程可达 8149 千米；搭载 4 名乘客时则达 8334 千米，这表示飞机可从纽约直飞莫斯科。

世袭 1000 公务机正在起飞

趣闻逸事

世袭 1000 给客户提供了上百种内饰组合的方案，而价格目录显示，购买一款最基本配置的世袭 1000 需要 5000 万美元左右。

城市上空飞行的世袭 1000 公务机

豪客 800 公务机

豪客 800 公务机是美国豪客比奇公司生产的中型喷气式公务机。

排名依据

豪客 800 公务机保留了传统豪客飞机“满油、满座、满载”的能力，在典型的乘客 / 行李负荷下，有着较高的航程和较大的商载。该机曾创造过 5 年内售出 200 架的纪录。

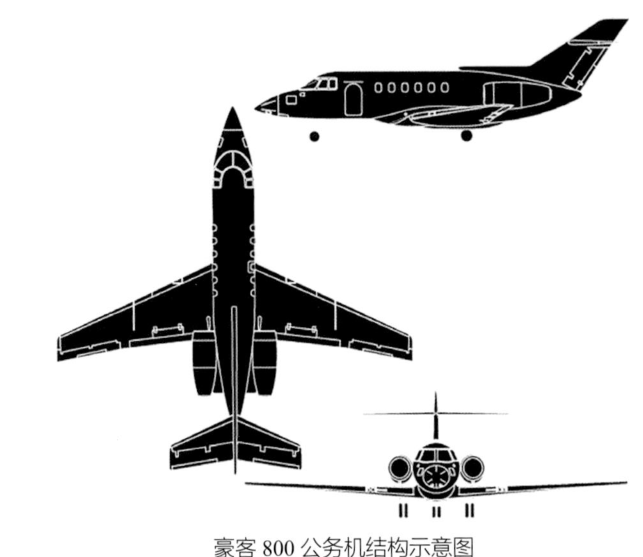

豪客 800 公务机结构示意图

建造历程

英国宇航公司对德•哈维兰 125 型公务机进行了改进，并更名为 BAe 125-700 公务机。之后，又推出了 BAe 125-800 公务机。1993 年，英国宇航公司将喷气式公务机部门出售给美国雷神飞机公司，BAe 125-800 公务机更名为豪客 800 公务机。2007 年 3 月，雷神飞机公司被高盛资本收购，更名为豪客比奇公司。自此，豪客 800 系列公务机改由豪客比奇公司生产。该机有豪客 800、豪客 800XP、豪客 800XPi、豪客 850XP 和豪客 900XP 等多种型号。

豪客 800 公务机在高空飞行

机体构造

豪客 800 公务机有传统的飞机外形，机身、机翼及飞行控制面都在英国制造，再运送至豪客比奇飞机公司在美国堪萨斯州威奇托的工厂进行总装、内装、试飞及交机。该机的客舱长 6.5 米，宽 1.83 米，高 1.75 米，内饰较为精美，座椅舒适度较高。豪客 800 公务机配备了双轮胎起落架，可提供更高的稳定性。

豪客 800 公务机正面特写

运输性能

豪客 800 有 2 名机组人员，正常情况下搭载 8 名乘客，特殊情况下最多可搭载 13 名乘客。该机的客舱容量较大，这意味着乘客有更多的头部和脚部空间。

豪客 800 公务机前侧面特写

趣闻逸事

1993 年，非洲有一架豪客 800 公务机被导弹击中右侧发动机，造成发动机在空中脱落，飞机的机身及襟翼同时被机枪扫射，但飞机最后仍安全地降落。当时雷神飞机公司曾将这起航空意外作为豪客 800 公务机的宣传例证。

豪客 800 公务机正在起飞

湾流 G450 公务机

湾流 G450 公务机是美国湾流飞机公司生产的远程喷气式公务机。

排名依据

G450 是同级别公务机中机舱空间最大的远程公务机之一，它由曾经获得过 2003 年世界航空至高荣誉的科利尔奖的团队研发完成，是在有史以来最为畅销的机型 GIVGIV-SP 的成功技术的基础上设计制造的。跨洲际飞行时，G450 可以非常方便地从美国达拉斯直飞巴黎。

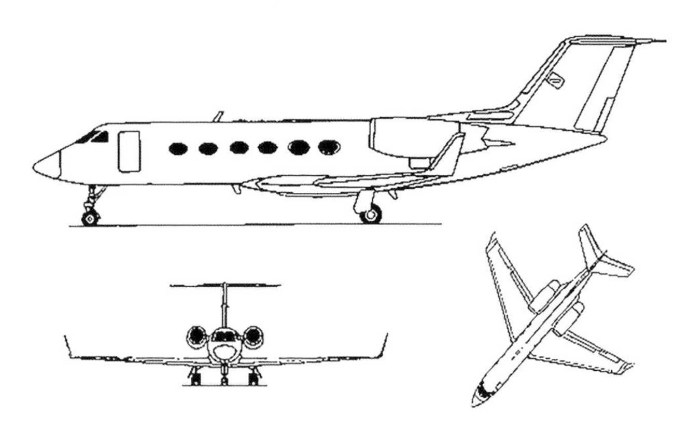

湾流 G450 公务机结构示意图

建造历程

自从 2001 年 4 月首次试飞以来，湾流宇航公司 4 架 G450 试飞机总共已经进行了 753 次试飞。2004 年 8 月 12 日获得美国联邦航空管理局的型号认证后正式投入运营。

湾流 G450 公务机前侧面特写

机体构造

湾流 G450 是在该公司早前生产的远程公务机 G400 的基础上研制出来的替代升级机型。相比 G400，引入先进的驾驶舱技术，采用先进的电子飞行仪表系统，同时改善客舱环境和舒适度，进一步增加航程。G450乘客座舱集现代性、舒适性和适用性于一体，它有3个可独立调节温度的区域，12个椭圆形全视野机舱。

湾流 G450 公务机侧面特写

运输性能

完整升级后的G450性能卓著，其最大巡航速度可达0.88马赫。乘载8名乘客，以0.80马赫的巡航速度可以连续飞行8057千米，巡航高度达13716米。

飞行中的湾流 G450 公务机

趣闻逸事

G450的固定费用包括：固定管理费、飞行员、乘务员、机师工资、保险费、得训费等，合计每年大约需要700万～800万元人民币。

湾流 G450 公务机前面特写

猎鹰 900 公务机

猎鹰 900 公务机是法国达索公司研制的公务机。

排名依据

猎鹰 900 基于先进的设计动力强劲，但在耗油方面却也是同级别飞机中最经济的。猎鹰 900 是极少数能以最大巡航速度实现最大巡航距离的飞机，可做到在高速洲际飞行的情况下多次经停起降而无须补充航油。达索猎鹰 900 低廉的运营成本几乎等同于级别小很多的喷气式飞机。

猎鹰 900 公务机示意图

建造历程

1983 年 5 月，法国达索公司在巴黎航展宣布要改进猎鹰 50 公务机，改进后的机型被命名为猎鹰 900 公务机。1984 年 9 月 21 日，猎鹰 900 公务机首次试飞，1986 年 3 月获得法国和美国的适航证书，1986 年 12 月开始交付使用。

猎鹰 900 公务机在高空飞行

机体构造

猎鹰 900 公务机在研制过程中应用了计算机辅助设计与制造技术，机身为全金属半硬壳式结构，大量采用碳纤维和“凯芙拉”复合材料。机翼采用悬臂式下单翼，常规轻合金双梁抗扭盒形结构。手操纵全翼展前缘缝翼，液压操纵双缝式碳纤维襟翼和副翼，两侧机翼的襟翼前均有 3 块减速板，玻璃钢翼尖整流罩，前缘由发动机引气防冰。尾翼为悬臂式结构，平尾安装在垂尾中部，带下反角。方向舵下部的垂尾后缘部分及机身尾锥由芳纶材料制成，其余为全金属结构。

运输性能

猎鹰 900 公务机有 2 名机组人员，客舱最多可以搭载 19 名乘客。该机具有 7400 千米的续航能力，可从纽约直飞莫斯科、利雅得直飞北京、东京直飞西雅图。

猎鹰 900 公务机前侧面特写

猎鹰 900 公务机后侧面特写

猎鹰 900 公务机可以搭载 8 名乘客从伦敦飞到巴黎，然后再到迪拜而不需要在中转期间加油。

猎鹰 900 公务机准备降落

12 TOP 湾流 G200 公务机

湾流 G200 公务机是美国湾流飞机公司生产的超中型公务机。

排名依据

自问世以来，湾流G200就在同级别公务机中保持着航程最远、客舱最大，以及在综合性能和价格方面的最佳口碑。湾流G200内外兼修，在客户服务方面同样表现卓越。湾流G200的调度可靠性高达99.7%，且在全球各地拥有超一流的售后服务体系，包括湾流公司及通用动力公司在六大洲的全球客户支持计划等。

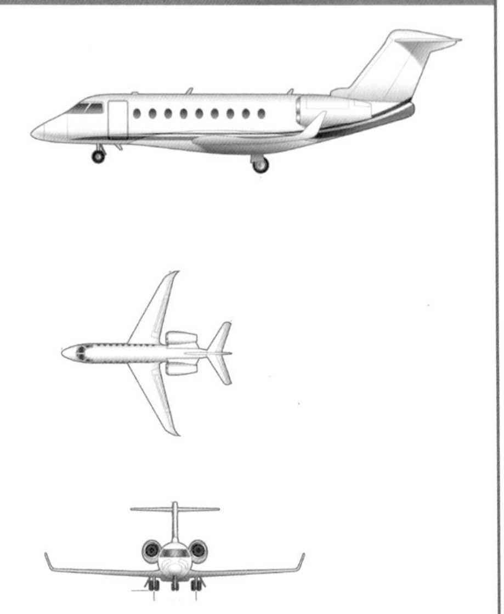

湾流 G200 公务机结构示意图

建造历程

1958年，美国格鲁曼公司推出专为商务应用设计的第一款公务机，即湾流Ⅰ公务机。1966年，湾流Ⅱ公务机出厂，占领了大型座舱公务机市场。1973年，阿伦•保尔森以200万美元的价格从格鲁曼公司购买了湾流飞机的生产线并接管了湾流各项计划，湾流飞机公司正式诞生。随后，湾流飞机公司先后研制生产了湾流Ⅲ、湾流Ⅳ、湾流Ⅴ，以及湾流G100、湾流G200等机型，扩大了湾流公务机的规模。其中，湾流G200公务机于1997年12月首次试飞，1999年开始服役。

湾流 G200 公务机侧面特写

机体构造

湾流 G200 公务机的机身由前机身段、中机身段、油箱段和后机身段组成，大部分采用铝合金材料。机头采用玻璃 / 环氧树脂材料，内有“诺梅克斯”蜂窝夹层结构，航电设备舱口盖由碳纤维制成。尾锥内布置有辅助动力装置。该机采用带翼梢小翼的悬臂式下单翼，前缘内段后掠角增至 34.5 度。机翼前缘为铝合金材料，小翼采用玻璃纤维复合材料及蜂窝夹层结构的壁板。翼身整流罩的材料和结构与小翼类似。

湾流 G200 公务机在高空飞行

运输性能

湾流 G200 公务机的客舱可容纳 8 名至 10 名乘客，即使身材高大的乘客也可以轻松穿梭于舱内。该机有 3 种布局方式，公务 8 人布局可以乘载 8 名乘客，通过一前一后两组 4 座俱乐部式座椅组合为乘客带来最大的活动空间和行李存储空间。大众 9 人布局可以乘载 9 名乘客，带有面向前方的 4 座俱乐部式座椅组合。后座组合是一对面对面的 2 座座椅和一个 3 座的无靠背长沙发椅。经典 10 人布局可以乘载 10 名乘客，机舱前部是面向前方的 4 座俱乐部式座椅组合，机舱后部是 4 座会议座椅组合和一个无靠背的 2 座沙发椅。

湾流 G200 公务机前侧面特写

2004 年，湾流 G200 公务机的售价为 2080 万美元。

湾流 G200 公务机正在起飞

11 TOP

豪客 4000 公务机

豪客 4000 公务机是美国豪客比奇公司研制的超中型喷气式公务机。

排名依据

豪客 4000 公务机以先进的后掠翼设计、复合材料机身和划时代的航空电子设备，在公务机领域确立了一种全新的“超中型”级别。2008 年 9 月，因其卓越的性能和悠久的品牌，豪客 4000 公务机被美国《罗博报告》杂志评为年度“极品之选”品牌之一。

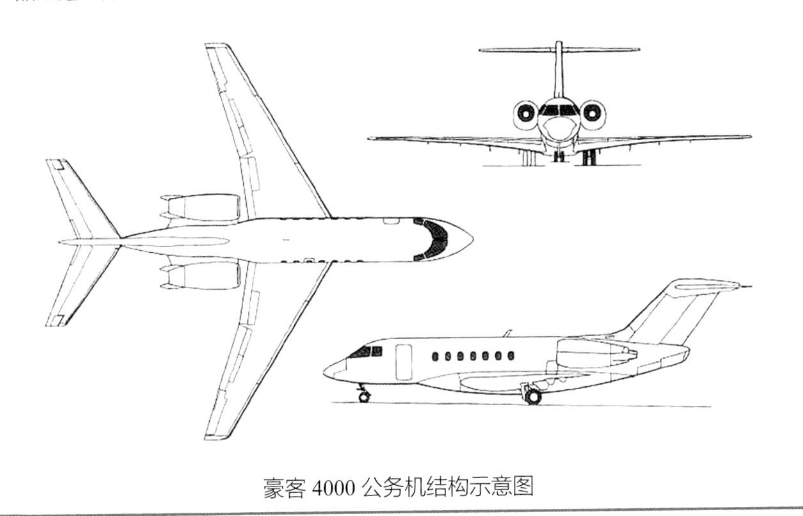

豪客 4000 公务机结构示意图

建造历程

豪客 4000 公务机原名“豪客地平线”，2001 年首次试飞。2008 年 6 月 6 日，豪客 4000 公务机取得美国联邦航空局合格证，成为世界上第一款取得美国联邦航空局合格证的复合材料超中型公务机。

豪客 4000 公务机后侧面特写

机体构造

豪客 4000 公务机的机身采用全复合材料，这种材料比铝的重量更轻，强度更高，并具有出色的空气动力特性，以及高度抗疲劳和抗腐蚀性。该机的客舱高 1.83 米、宽 1.97 米。平整的地板贯穿整个客舱，通向容积为 2.51 立方米的行李舱，行李舱在飞行中和在地面上均可自由出入。

豪客 4000 公务机在高空飞行

运输性能

豪客 4000 公务机有 2 名机组人员，正常情况下搭载 8 名乘客，特殊情况下最多可搭载 14 名乘客。该机搭载 8 名乘客时最大航程可达 6100 千米，由于装备了双套惯性导航系统、双套空气循环机和标准装备液压驱动的备用发电机，非常适合进行远航程的本土和洲际旅行。豪客 4000 公务机不仅飞行速度快，还拥有同级别飞机领先的跑道性能。

豪客 4000 公务机前面特写

按 2012 年币值，每架豪客 4000 公务机的造价为 2291 万美元。

停机坪上的豪客 4000 公务机

TOP 10 湾流 G280 公务机

湾流 G280 公务机是美国湾流飞机公司生产的超中型喷气式公务机。

排名依据

湾流 G280 是迄今为止超中型公务机中机舱空间最大的飞机之一，在超中型喷气式飞机市场拥有巨大优势，在最大巡航速度、最远航程以及最大的机舱空间设计和为迎合湾流客户要求的豪华内饰设计方面是同级别的其他公务机无法比拟的。与其他同级别的公务机相比，湾流 G280 机舱内部空间要大 17% ～ 35%。乘客可以随意舒展四肢来缓解旅途中的疲劳。

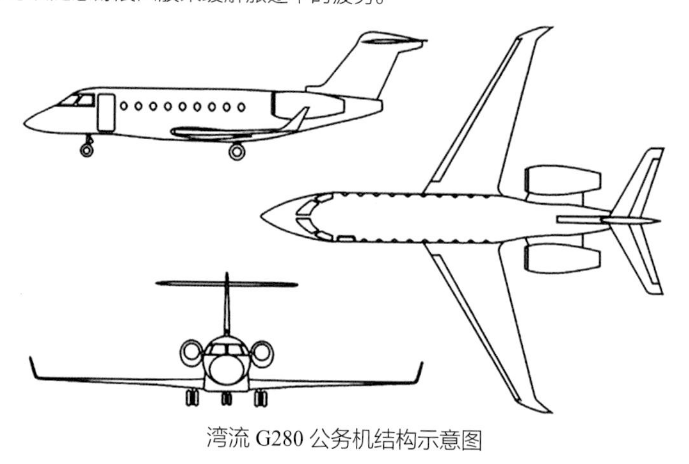

湾流 G280 公务机结构示意图

建造历程

湾流 G280 公务机最初称为湾流 G250 公务机，湾流飞机公司于 2008 年 10 月正式对外公布研发计划，原型机于 2009 年 12 月首次试飞。2011 年 7 月，更名为湾流 G280 公务机。2012 年 9 月，湾流 G280 公务机取得美国联邦航空局合格证，11 月交付首架超中型 G280 飞机。

湾流 G280 公务机在高空飞行

机体构造

湾流 G280 公务机在湾流 G200 公务机的基础上进行了较大的改进设计，开始采用湾流机型常见的 T 形尾翼，加大、加宽机身，改善客舱舒适度，并选用高性能涡轮风扇发动机。湾流 G280 公务机配备了带有真空功能的洗手间，这不仅减少水资源的浪费，更能大幅度降低异味。

湾流 G280 公务机在跑道准备起飞

运输性能

湾流 G280 公务机在机翼设计上引进了最先进的技术，大幅度提高了飞机的爬升能力。在最大起飞重量条件下，湾流 G280 公务机可以在 20 分钟内直接爬升至 12496 米的高度。超强的配置还可以让湾流 G280 公务机在恶劣的气候条件下起飞。该机的客舱空间较大，有公务 8 人、大众 9 人和经典 10 人三种布局方式。舱内的空气净化系统能为乘客带来新鲜的空气，而 19 扇大型舷窗为乘客的舱内办公和休闲带来充足的阳光。

湾流 G280 公务机前面特写

趣闻逸事

首架装备齐全的湾流 G280 公务机交付给美国境内一家制造商，该制造商是一家跨国公司，在全球 190 个国家开展业务。

湾流 G280 公务机侧面特写

空中国王 350 公务机

空中国王 350 是豪客比奇公司生产的一款大型双发螺旋桨公务机。

排名依据

空中国王飞机 350 始终是全世界众多政府、公司和私人公务机的首选。其主要原因是它的舒适性、经济性以及可以服务于从大型繁忙机场至劳动草坪机场的灵活性。凭借最大的多样性和能力，成为当之无愧的“无所不往，无所不能”的飞机。

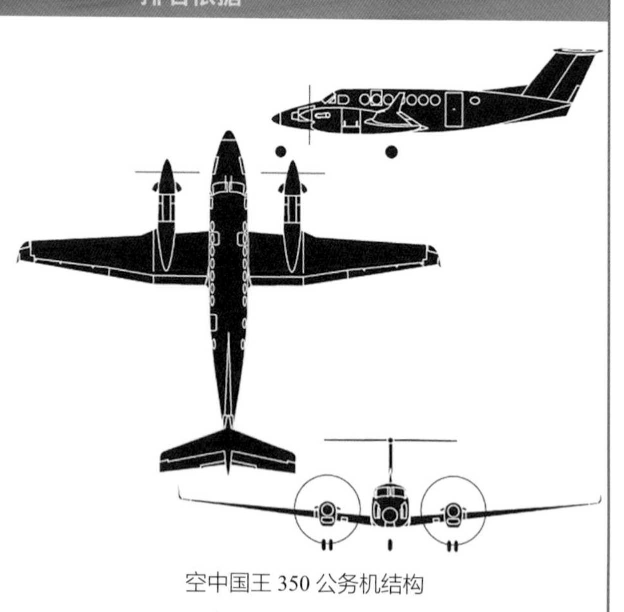

空中国王 350 公务机结构

建造历程

空中国王 350 飞机是空中国王 300 的发展机型，于 1988 年 9 月首飞，在 1989 年的全国公务机协会 (NBAA) 大会上推出。获得通勤飞机型号合格证，1990 年 3 月 6 日开始交付使用。其新型号“空中国王”350 i 于 2009 年 12 月获得美国 FAA 和 EASA 型号合格证，并于 12 月底交付客户使用。

空中国王 350 公务机前侧面特写

机体构造

空中国王 350 公务机采用带翼翘的直线形下单翼，机翼上安装两台普惠公司 PT6A 涡轮螺旋桨发动机。尾翼采用后掠式 T 形尾翼和水平尾翼。按比奇传统的方椭圆客舱截面设计，空中国王 350 的内部空间十分宽敞。加上众多标准和选装设备，包括可收小桌板、内嵌式餐台、后部盥洗室、客舱可达的行李区和柔软的真皮座椅，可将其个性化地装饰成一个工作、思考或休息的理想场所。

空中国王 350 公务机在高空飞行

运输性能

空中国王 350 的双套中央俱乐部式豪华客舱可以坐满 8 名乘客；加温加压、飞行中可存取的行李区是同级别机型中最大的。短距离起降和高商载能力使空中国王350公务机一度成为最畅销的大型涡轮螺旋桨飞机之一。它的用途广泛，既可以成为配置豪华内饰的公务机，又可以用于侦察、遥感、航拍、物探等特殊任务。作为同级别中较为环保的一款飞机，空中国王350能搭载更多乘客抵达更远的地点，并长期节省成本。此外，运用尖端技术进行设计提升性能后，其动力和耐用性也达到了巅峰境界。

飞行中的空中国王350公务机

趣闻逸事

比奇350i空中国王凭借出众的业载、性能和安全性，成为众多好莱坞明星的首选私人飞机机型。

空中国王350i公务机上方视角

莱格赛 650 公务机

莱格赛650公务机是巴西航空工业公司设计生产的大型喷气式公务机。

排名依据

巴西航空工业公司主要针对商用、军用和公务机型领域中具有高度增长潜力的特定市场，已经发展成为世界上最大的飞机制造商之一。莱格赛 650 作为巴西航空工业公司旗下公务机的主力机型，是一款远程跨洲际飞行的公务机，是同级别机型中唯一一款实现三舱独立客舱布局的机型。

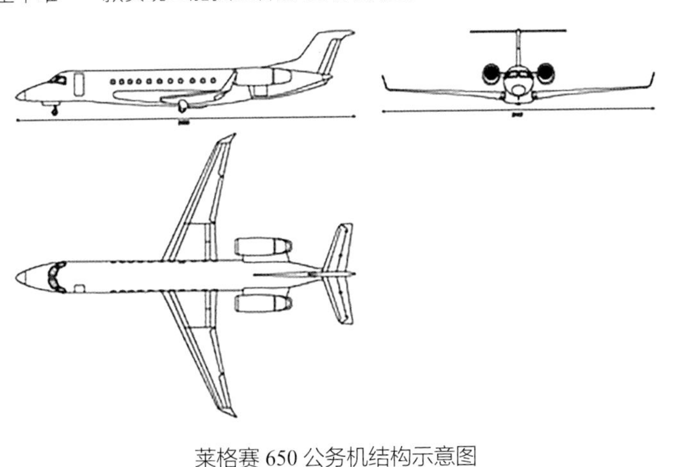

莱格赛 650 公务机结构示意图

建造历程

莱格赛 650 公务机是莱格赛 600 的远程版本，于 2009 年正式展出，2011 年 2 月获得了 FAA 的认证。2020 年 8 月，巴西航空工业公司宣布停止生产莱格赛 650。

莱格赛 650 公务机在高空飞行

机体构造

莱格赛 650 公务机采用下单翼和 T 形尾翼布局，机身两侧各有 11 个舷窗。客舱采用顶级内饰布置，内设真皮座椅、沙发椅、文件柜和用餐会议两用桌。该机还配有一间可准备冷热餐的宽敞厨房，一间位于后舱的盥洗室，以及衣柜、储藏间等。此外，还装有一套配备了 DVD 播放机和卫星通信设备的娱乐系统。莱格赛 650 公务机的行李舱空间较大，在飞行途中可轻松进出。

莱格赛 650 公务机前侧面特写

运输性能

莱格赛 650 公务机有 2 名机组人员，客舱最多可搭载 14 名乘客。在搭载 8 名乘客时，该机的航程超过 6000 千米，可从伦敦直飞纽约，从迪拜直飞伦敦或新加坡，从迈阿密直飞圣保罗，从新加坡直飞悉尼。

莱格赛 650 公务机侧面特写

趣闻逸事

2012 年，中国首架莱格赛 650 公务机交付于中国影星成龙，并邀请成龙作为巴西公务机的形象代言人。

莱格赛 650 公务机正在起飞

7 TOP 环球 5000 公务机

环球5000公务机是加拿大庞巴迪宇航公司研制的超远程喷气式公务机。

排名依据

在同级别的超远程喷气式公务机中，庞巴迪环球 5000 无论在飞机性能以及机舱的舒适性上，均有其独到之处。该机拥有先进的航空电子设备和系统技术，稳定性堪比任何同类产品中的商务喷气机。环球 5000 还通过了世界上最严格的适航规章认证，包括加拿大运输部、美国联邦航空局、欧洲航空安全局等组织的认证。

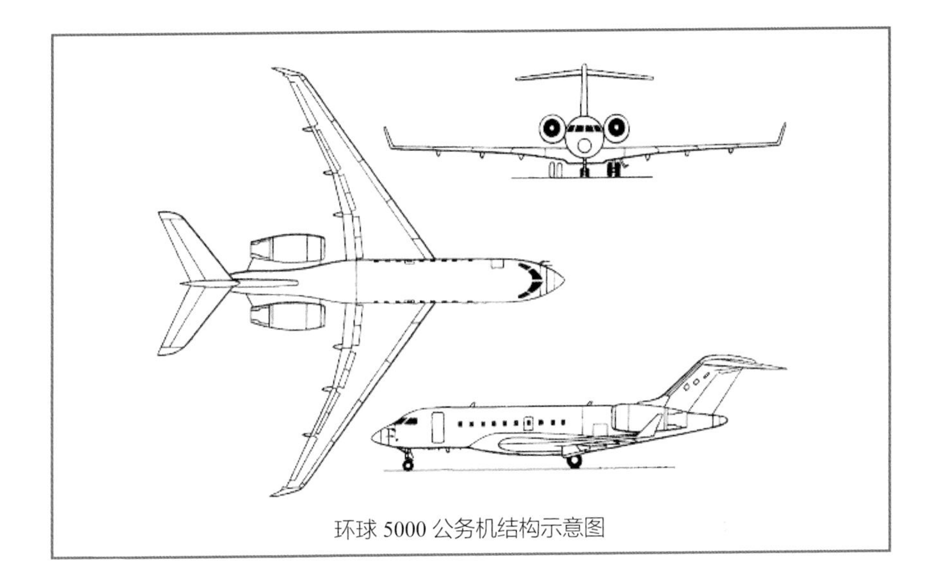

环球 5000 公务机结构示意图

建造历程

环球 5000 公务机于 2002 年 2 月 5 日正式推出，2003 年 3 月 7 日进行首次飞行。2005 年 4 月正式投入运营。截至 2018 年，仍然在服役的环球 5000 公务机有 224 架。

环球 5000 公务机前侧面特写

机体构造

环球 5000 继承了庞巴迪环球系列公务机成功的经验与严格的认证标准，机舱布局设计非常精致而华丽，宽敞的机舱内电话、网络、传真等一应俱全。客舱较同级别竞争机型宽出约 30 厘米，加之以优化速度、航程和操控性的先进机翼设计，环球 5000 飞机提供最大舒适性和非比寻常的平稳舒适飞行。

运输性能

环球5000最多可以乘坐17名乘客。在搭载8名乘客和3名机组成员时，能以0.85马赫的标准巡航速度连续飞行9630千米，其最高飞行速度可达0.89马赫，在同级别公务机中出类拔萃。

飞行中的环球5000公务机

环球5000公务机正在起飞

趣闻逸事

环球5000公务机的年使用费，按300小时算，合计人民币大约1380万元。

环球5000公务机后侧面特写

湾流G650公务机

湾流 G650 公务机是美国湾流飞机公司生产的喷气式公务机。

排名依据

湾流 G650 的飞行速度和航程在同级别飞机中名列前茅，能够从芝加哥直飞上海，从洛杉矶直飞悉尼，或者从纽约直飞迪拜而途中不需要降落加油。2010 年 5 月 2 日，湾流 G650 公务机在试飞中飞出了创纪录的 0.925 马赫，飞行高度约 13000 米。这个飞行速度是亚音速民用飞机能飞出的最高马赫数。

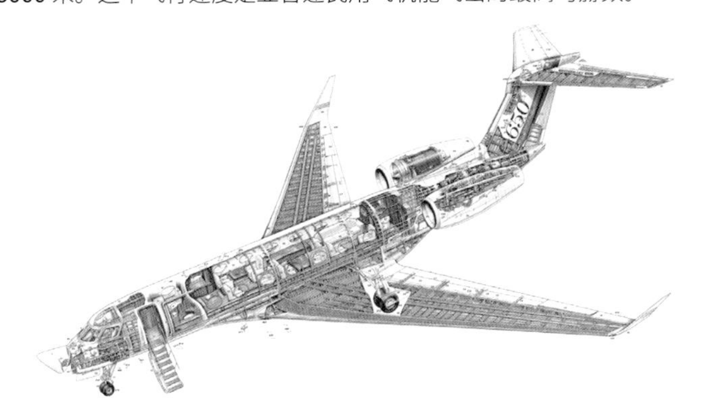

湾流 G650 公务机结构示意图

建造历程

湾流飞机公司于 2005 年 5 月展开湾流 G650 公务机的研制计划，2008 年 3 月首次向公众披露，并在媒体会上称湾流 G650 公务机是湾流飞机公司最大、最快也是最贵的公务机。2009 年 11 月 25 日，湾流 G650 公务机首次试飞。2011 年 4 月，一架湾流 G650 公务机在测试中坠毁，于是所有湾流 G650 公务机被迫停飞。直至同年 5 月 28 日，结果查明并非飞机本身原因导致飞机坠毁才又开放测试。2012 年 9 月，湾流 G650 公务机取得了美国联邦航空管理局签发的飞行许可证。

湾流 G650 公务机在高空飞行

机体构造

湾流 G650 公务机的机身截面为椭圆形，而非传统的圆形。其客舱宽约 2.59 米，高约 1.96 米，两侧共有 16 个舷窗。机舱由金属制造，而尾翼、翼梢小翼、后压力舱壁、发动机整流罩、客舱地板结构则大量采用复合材料制造。湾流 G650 公务机完全采用线传飞控系统，所以在驾驶舱到机翼、尾翼之间没有机械控制的结构，而机身各个活动的部件由两套独立的液压系统来控制。

湾流 G650 公务机上方视角

运输性能

湾流 G650 公务机有 2 名机组人员，客舱空间较同类飞机更长、更宽，可同时容纳 18 名乘客。该机配备了厨房和独立通风的洗手间，舱内气压适宜，即使在高空中，乘客感觉也会相当舒适。湾流 G650 公务机还有多种娱乐设计，包括卫星电话、无线互联网等，为乘客提供了丰富多彩的飞行环境。此外，该机的重量较轻，能避开繁忙的大型机场，在小型机场降落，以节约客户的时间。

湾流 G650 公务机正在起飞

据传最新型号的湾流 G650 即将上市，这是一款能接近音速飞行的飞机，其速度是其他传统的公务机所望尘莫及的。

湾流 G650 公务机侧面特写

5 TOP 环球 6000 公务机

环球 6000 公务机是加拿大庞巴迪宇航公司研制的大型喷气式公务机。

排名依据

超远航程的环球 6000 是一款技术先进、设备完善的高端远程公务机。以前称为“全球快车 XRS”，在同级别的飞机中，它的高速巡航能力无法比拟，是当今市场上最先进最豪华的公务机之一。环球 6000 特点鲜明、便于操作，从先进的驾驶舱环境，到绝对宁静的后舱休息室，环球 6000 无不精益求精，堪称性能全面的喷气式公务机。

环球 6000 公务机示意图

建造历程

环球 6000 公务机是庞巴迪宇航公司的第三代产品，于 2012 年开始生产，到 2019 年 3 月，交付了超过 315 架飞机。

环球 6000 公务机前侧面特写

机体构造

庞巴迪在环球 6000 上投入了很多精力去满足乘客的舒适性，比如设置专用温区，布置宽阔的座位空间，保持客舱高度低，配备宽阔的行李空间（比同级别的任何公务机都要大），

环球 6000 公务机在海上飞行

采用更先进的照明技术，设置了工作站使得可使用平面面积比最接近的竞争对手多出 44%。环球 6000 富余出很多空间，使得客户可以灵活选取平面布置，在飞机上安排 8 名到 19 名乘客。

运输性能

环球 6000 的客舱据称是三舱布局公务机中最宽最长的座舱，配有前舱机组休息区及独立的后舱休息区。机组区设 1 个单人行政座椅，可完全放平，上方储物柜可以用于收放娱乐设备及杂物。前舱 4 个单人行政座椅，带斜卧式脚蹬，可完全放平并旋转。中舱会议区，放有 2 张双人座椅，会议桌可手动调节高度。后舱休息室独立配备盥洗室，提供私密而安静的休息空间。

环球 6000 公务机前侧面特写

环球 6000 公务机曾是全球富豪包括比尔·盖茨在内都青睐的机型，该机虽然号称“低调”，但费用却一点都不便宜，一小时费用高达十多万人民币。

环球 6000 公务机正在起飞

湾流 G550 公务机

湾流 G550 公务机是美国湾流飞机公司生产的远程喷气式公务机。

排名依据

湾流 G550 公务机是人类飞行史上首架直航范围能从纽约直达东京的超远程公务飞机，是国际顶级远程喷气式公务机代表机型之一。G550 拥有超远航程和超大客舱，同时保留湾流系列噪声低、起降距离短等优势，堪称湾流系列远程公务机中的旗舰机型，以卓越性能、安全舒适和配置奢华等特点备受企业家与明星的青睐，被广泛应用于商业、政府机构、军用等各个领域。

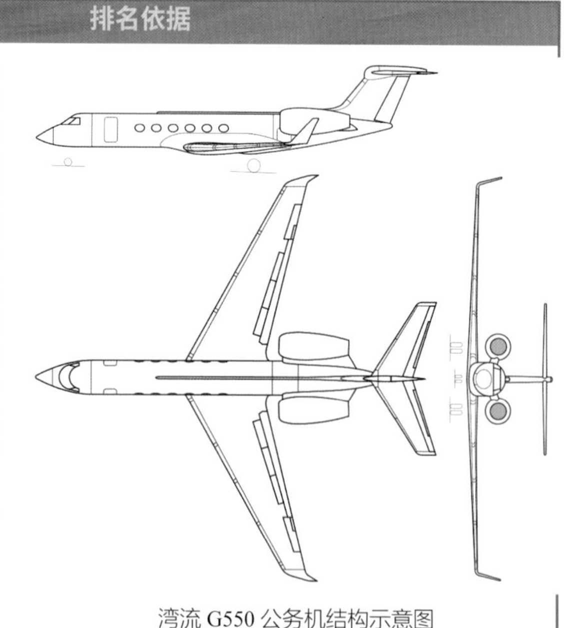

湾流 G550 公务机结构示意图

建造历程

2003，美国湾流飞机公司正式将其最新研制的机型湾流 G550 推向市场，至 2009 年 1 月，美国湾流飞机公司已向全球交付 198 架 G550。除各大公务机公司及私人购买外，G550 还有庞大的政府或军方用户，这其中包括阿根廷政府 2 架，德国政府、希腊空军 2 架，新加坡空军 4 架（其中 2 架在 2010 年交付）、坦桑尼亚政府 1 架、土耳其政府 1 架、乌干达政府 1 架、美国政府 1 架、美国海军 3 架、美国陆军 1 架。

飞行中的湾流 G550 公务机

机体构造

湾流 G550 整个客舱由驾驶舱、厨房区、休息区以及盥洗室组成，客舱设计十分人性化，穹顶式天花板与客舱长度平齐，宽敞的内部空间可以按照乘客的精准需求定制客舱，让出行环境更加个性化。在私人休息区内设置了数张单人扶手真皮沙发和一张可供两人卧眠的四座真皮长沙发。飞机上采用的最新并且也是最先进的增强型视觉系统 (EVS)，可以显著提高驾驶员在最关键的飞行阶段对飞行局面的掌握程度，确保飞行更加安全。

湾流 G550 公务机前侧面特写

运输性能

湾流 G550 公务机优越的性能可以保证从北京直飞芝加哥、洛杉矶等美国西北部城市，还能直飞西欧和澳大利亚等地，具备名副其实的远距离洲际飞行能力。其更加显著的优点是在高度巡航时能保持海拔 1800 米左右的舱压，而普通客机只能保持海拔 2400 米左右的舱压，因此使客户在旅途中感觉更加舒适。

海上飞行的湾流 G550 公务机

趣闻逸事

湾流 G550 荣获 2011 年度“世界最好的大型远程公务飞机”三强之一，本榜单由全球顶级奢侈品研究机构“Robb Report”发布，每年评定一次，从全球数百款优秀的私人飞机、公务飞机中筛选出最优秀的极品，任何一款上榜飞机都堪称精品中的精品，能获得本奖项也是奢侈品里的最高荣誉。

湾流 G550 公务机侧面特写

比亚乔 P180 公务机

比亚乔 P180 公务机是意大利比亚乔公司设计生产的喷气式公务机。

排名依据

典雅、经济且性能优良的比亚乔 P180 与同级别飞机相比，运营成本低、排放量少。比亚乔 P180 还拥有宽敞内舱和优越的飞行性能，是市场上同级别飞机中快速先进的商务飞机。比亚乔 P180 被欧洲法拉利车队选中，作为出行的专机选择。

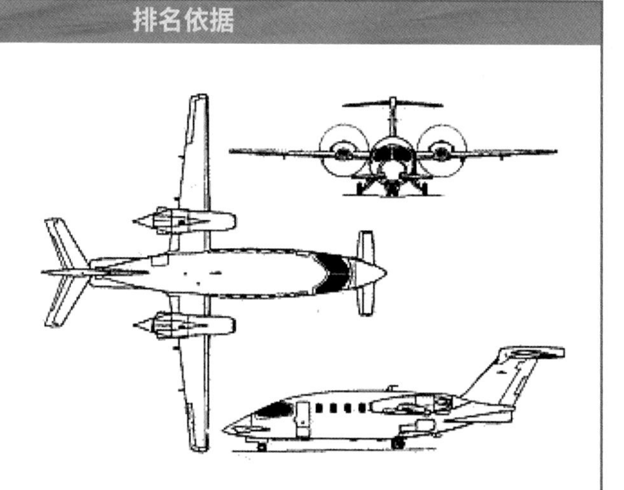

比亚乔 P180 公务机结构示意图

建造历程

比亚乔公司是世界上一家活跃在飞机设计、制造、维护及维修全产业链的公司。1980—1981 年，比亚乔 P180 公务机在美国和意大利进行了外形的风洞测试，最初由比亚乔公司与李尔喷气机公司合作，但合作计划不久后就中止了，比亚乔公司继续 P180 公务机的研发。原型机在 1986 年 9 月 23 日首次试飞，1990 年 3 月取得意大利和美国的适航证，同年开始交付使用。

机体构造

比亚乔 P180 公务机采用 3 组机翼以及 2 台后置推进式涡轮螺旋桨发动机的设计，机身流线性较好。前翼设计较为独特，主翼位置被后移，使其拥有鸭式布局，但仍使用传统飞机所采用的水平安定面作为飞机俯仰的平衡，同时采用独特的后推式螺旋桨。由于主翼较传统飞机后移，比亚乔 P180 公务机采用了中单翼的设计，这使得主翼的翼梁无须穿越机舱，使得比亚乔 P180 公务机的客舱有较大的空间。

比亚乔 P180 公务机在高空飞行

比亚乔 P180 公务机前侧面特写

运输性能

比亚乔 P180 公务机的低空性能极为出色，在 1000 米的短跑道便能轻松起降。在配有 2 名飞行员的情况下，比亚乔 P180 公务机的客舱能够容纳 7 ～ 9 名乘客，最多可以为 11 名乘客提供舒适的乘机环境。

比亚乔 P180 公务机侧面特写

比亚乔 P180 公务机的垂直尾翼上绘有法拉利车队的奔马标志，因此该机又有“空中法拉利”的昵称。

比亚乔 P180 公务机上方视角

2 TOP 挑战者 850 公务机

挑战者 850 公务机是加拿大庞巴迪宇航公司研制的中型喷气式公务机。

排名依据

庞巴迪宇航公司是世界知名的公务机生产商，“挑战者”系列公务机代表了庞巴迪宇航公司最高的技术结晶，其中以挑战者 850 公务机尤为出色。挑战者 850 是一款独特的、起源于支线飞机的公务机。 它是一种理想的大容量公务机，能承载较多人数的乘客团队而保持机舱空间的舒适。在灵活性及飞行速度上，挑战者 850 毫不逊色于较小机舱的其他型号的公务机，其宽敞客舱是同级别公务机中前所未有的。

挑战者 850 公务机示意图

建造历程

挑战者 850 由庞巴迪宇航公司的支线飞机 CRJ200 改进而成，它继承了支线飞机宽敞的机舱和翼展，融合了大客舱公务机的舒适性和灵活性等特点，于 2003 年更名为挑战者 850 公务机。2006 年 8 月，挑战者 850 公务机首次试飞，同年开始批量生产。

挑战者 850 公务机前侧面特写

机体构造

挑战者 850 公务机采用下单翼和 T 形尾翼，机身左侧有 13 个舷窗，右侧有 12 个舷窗。该机在其支线飞机前身的基础上做了许多修改，提高了飞机的可靠性和飞行性能。这些措施包括改进刹车系统、电脑控制飞行系统，并重新设计了机体，挑战者 850 公务机可以比其前身支线飞机多携带 1814 千克燃料，且增加了有效载荷、航程和起飞重量。

挑战者 850 公务机在高空飞行

运输性能

挑战者 850 公务机的客舱最多可以配置 14 个乘客座椅，其标准的座椅配置是 12 座。座椅都采用真皮材质，而座椅设置也十分人性化，除了单个座椅外，还有可以供多人坐的沙发。客舱通常分为 3 个独立的区域，客户可以定制个性化的客舱设施，如果把座椅数设定在 7 ～ 10 个，可以把多出的空间改为酒吧、套房或者办公区，甚至健身房也能定制到飞机上。

挑战者 850 公务机侧面特写

按2013年币值，每架挑战者 850 公务机的造价为 3198 万美元。

挑战者 850 公务机进行组装

猎鹰 7X 公务机

猎鹰 7X 公务机是法国达索公司制造的喷气式公务机。

排名依据

猎鹰 7X 公务机作为“猎鹰”系列公务机的旗舰机型，毫无疑问地成为达索公司的巅峰之作。无论是在天空还是地面，它的灵活性和多用途性都给用户带来无与伦比的卓越感受。时尚优雅的设计风格与高科技全电传操纵系统的应用，使其成为 21 世纪最理想的私人空中座驾之一。

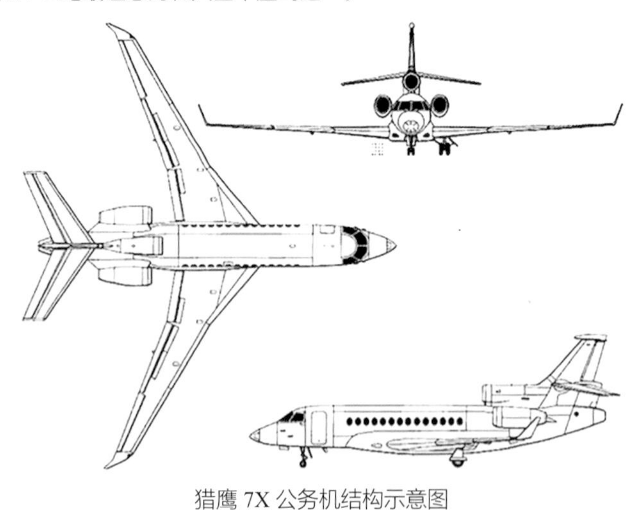

猎鹰 7X 公务机结构示意图

建造历程

猎鹰 7X 于 2005 年 5 月首次试飞，2007 年获得美国联邦航空局和欧洲航空安全局双重认证，同年开始交付使用。截至 2017 年 7 月，已经有 260 多架猎鹰 7X 公务机交付使用。

猎鹰 7X 公务机正在起飞

机体构造

猎鹰 7X 公务机采用后掠式下单翼和后掠式中置水平尾翼，两台发动机安装在机身后部两侧的发动机舱内，另一台发动机居中安装在机身上方、垂直尾翼前方。猎鹰 7X 公务机的内饰设计非常优秀，先进的静音技术使得客舱的噪声始终保持在 50 分贝以下。这项尖端技术的首次应用大幅度提高了乘坐舒适度和愉悦感。先进的温度检测系统令整个客舱内温度始终维持在乘客需要的温度，使得每个乘客倍感舒适。该机可根据客户的需求定制客舱，座椅布局和内饰均有多种选择供客户挑选。

猎鹰 7X 公务机上方特写

运输性能

猎鹰 7X 公务机有 3 名机组人员，最多可搭载 16 名乘客。该机的设计航程达 11000 千米，可以轻松把世界任何两座城市联系在一起。在标准载重量下，猎鹰 7X 公务机仅需要 630 米的距离就可以安全着陆。它也因此可以使用全球数百个其他喷气式飞机所不能停靠的机场，即使在高原、高温及对噪声要求限制苛刻的机场仍旧能够通行自如。

猎鹰 7X 公务机在海上飞行

趣闻逸事

猎鹰 7X 公务机的旗舰型内饰曾获得 2009 年“优秀设计”奖，该奖项是由 1950 年建筑师埃罗·沙里宁等人设立，授予世界最卓越的设计师和制造商的国际赞誉，专门用来奖励那些具有超前新颖性、富有想象力和创新力的产品概念、发明和独创性。

猎鹰 7X 公务机侧面特写

第5章 民用直升机

直升机具有大多数固定翼飞机所不具备的垂直升降、悬停、小速度向前或向后飞行的特点，这些特点使得直升机在很多复杂环境下有许多优势。直升机自问世以来，在民用领域获得越来越多的应用。本章详细介绍了民用直升机制造史上影响力最大的 15 种型号，并根据核心技术、综合性能、单位造价、建造数量等因素进行了客观公正的排名。

整体展示

建造数量、服役时间和研制厂商

TOP15　EC155 中型直升机	
建造数量	100 架
服役时间	1999 年至今
TOP14　EC145 中型直升机	
建造数量	1500 架以上
服役时间	2002 年至今
欧洲直升机公司	欧洲直升机公司创建于 1992 年，现已更名为空客直升机公司，是由德国戴姆勒-克莱斯勒宇航和法国宇航两家公司的直升机事业部合并而成，是欧洲宇航防务集团（EADS）下属的全球最大的直升机制造公司

TOP13　贝尔 222 轻型直升机	
建造数量	199 架
服役时间	1980 年至今
TOP12　贝尔 427 轻型直升机	
建造数量	26 架
服役时间	2000 年至今
贝尔直升机公司	贝尔直升机公司是世界领先的垂直起降飞机的制造商，前身为贝尔飞行器公司，是全球第一家获得商用直升机许可的公司

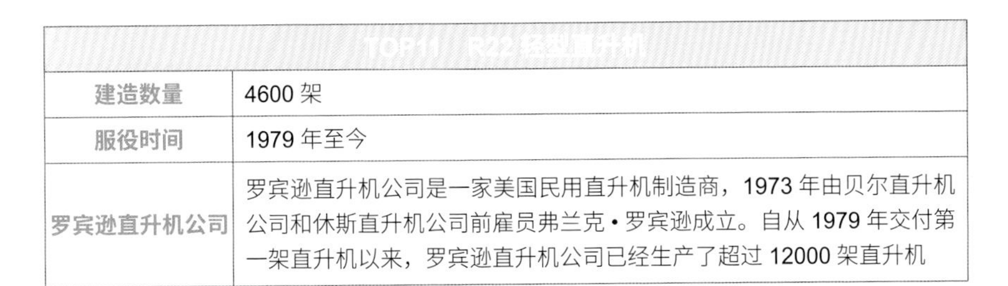

TOP11 R22轻型直升机	
建造数量	4600 架
服役时间	1979 年至今
罗宾逊直升机公司	罗宾逊直升机公司是一家美国民用直升机制造商，1973 年由贝尔直升机公司和休斯直升机公司前雇员弗兰克 • 罗宾逊成立。自从 1979 年交付第一架直升机以来，罗宾逊直升机公司已经生产了超过 12000 架直升机

TOP10 米-34轻型直升机	
建造数量	27 架
服役时间	1993 年至今
米里设计局	米里设计局是苏联和俄罗斯的直升机设计单位，为俄罗斯和全世界贡献出厂 15 个投产型号的基本型直升机，生产的直升机总数接近 3 万架，占俄罗斯（包括前苏联）国产直升机总数的 95%

TOP9 贝尔407轻型直升机	
建造数量	1400 架
服役时间	1996 年至今
贝尔直升机公司	贝尔直升机公司是世界领先的垂直起降飞机的制造商，前身为贝尔飞行器公司，是全球第一家获得商用直升机许可的公司

TOP8 AS350系列直升机	
建造数量	3590 架
服役时间	1978 年至今
法国宇航公司	法国宇航公司是法国宇航工业最大的公司，产品从轻型旅游机到大型运输机，从轻型直升机到双发重型直升机，从步兵反坦克导弹到战略弹道导弹，从卫星到运载火箭，产品中相当一部分出口

TOP7 贝尔429轻型直升机	
建造数量	325 架
服役时间	2009 年至今
贝尔直升机公司	贝尔直升机公司是世界领先的垂直起降飞机的制造商，前身为贝尔飞行器公司，是全球第一家获得商用直升机许可的公司

TOP6　R44 轻型直升机	
建造数量	6331 架
服役时间	1993 年至今
罗宾逊直升机公司	罗宾逊直升机公司是一家美国民用直升机制造商，1973 年由贝尔直升机公司和休斯直升机公司前雇员弗兰克 • 罗宾逊成立。自从 1979 年交付第一架直升机以来，罗宾逊直升机公司已经生产了超过 12000 架直升机

TOP5　S-92 中型直升机	
建造数量	300 架
服役时间	2004 年至今
西科斯基飞机公司	西科斯基飞机公司是一家美国飞机和直升机制造商。2015 年 11 月 6 日，洛克希德 • 马丁公司宣布，以 90 亿美元的价格完成了对美国军用直升机制造商西科斯基飞行器公司的收购

TOP4　EC130 轻型直升机	
建造数量	700 架
服役时间	2001 年至今
欧洲直升机公司	欧洲直升机公司创建于 1992 年，现已更名为空客直升机公司，是由德国戴姆勒 - 克莱斯勒宇航和法国宇航两家公司的直升机事业部合并而成，是欧洲宇航防务集团（EADS）下属的全球最大的直升机制造公司

TOP3　EC135 轻型直升机	
建造数量	1300 架
服役时间	1996 年至今
欧洲直升机公司	欧洲直升机公司创建于 1992 年，现已更名为空客直升机公司，是由德国戴姆勒 - 克莱斯勒宇航和法国宇航两家公司的直升机事业部合并而成，是欧洲宇航防务集团（EADS）下属的全球最大的直升机制造公司

TOP2 贝尔206轻型直升机	
建造数量	7300 架
服役时间	1967 年至今
贝尔直升机公司	贝尔直升机公司是世界领先的垂直起降飞机的制造商，前身为贝尔飞行器公司，是全球第一家获得商用直升机许可的公司

TOP1 AW109轻型直升机	
建造数量	636 架
服役时间	1976 年至今
阿古斯塔 · 韦斯特兰公司	阿古斯塔 • 韦斯特兰公司是意大利主要航空企业之一，也是世界主要直升机制造商之一。由意大利人乔瓦尼 • 阿古斯塔于 1923 年创建，主要负责固定翼飞机的维护、设计和生产

机体尺寸

TOP15 EC155 中型直升机

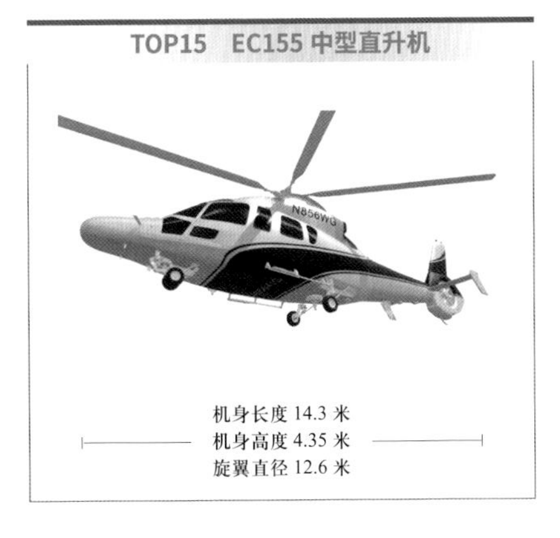

机身长度 14.3 米
机身高度 4.35 米
旋翼直径 12.6 米

TOP14 EC145 中型直升机

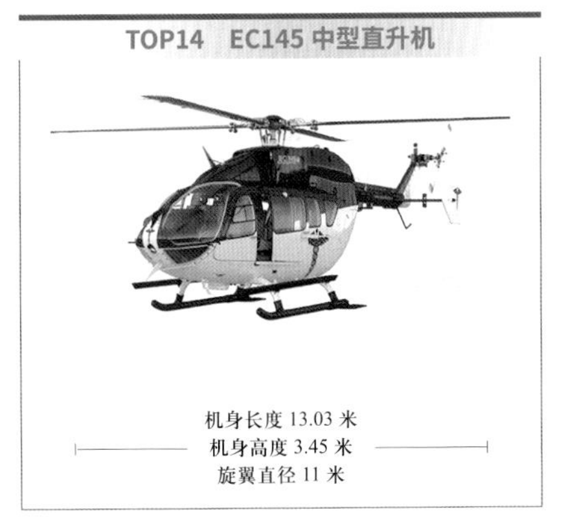

机身长度 13.03 米
机身高度 3.45 米
旋翼直径 11 米

TOP13 贝尔 222 轻型直升机

机身长度 12.85 米
机身高度 3.56 米
旋翼直径 12.2 米

TOP12 贝尔 427 轻型直升机

机身长度 11.42 米
机身高度 3.2 米
旋翼直径 11.28 米

TOP11 R22 轻型直升机

机身长度 8.76 米
机身高度 2.67 米
旋翼直径 7.67 米

TOP10 米 -34 轻型直升机

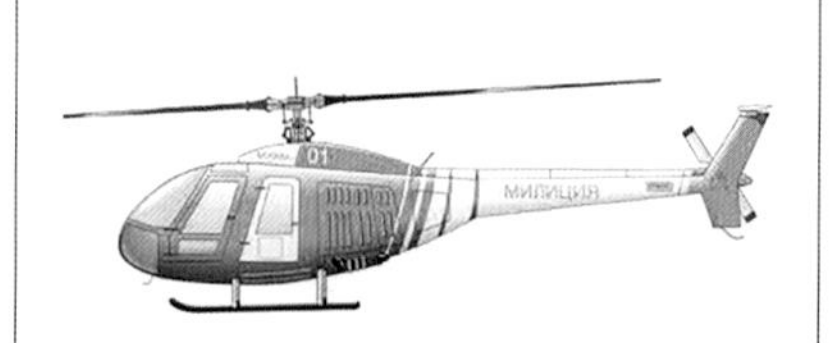

机身长度 11.42 米
机身高度 2.75 米
旋翼直径 10 米

TOP9 贝尔 407 轻型直升机

机身长度 12.7 米
机身高度 3.56 米
旋翼直径 10.67 米

TOP8 AS350 轻型直升机

机身长度 10.93 米
机身高度 3.14 米
旋翼直径 10.69 米

TOP7 贝尔 429 轻型直升机

机身长度 12.7 米
机身高度 4.04 米
旋翼直径 10.97 米

TOP6 R44 轻型直升机

机身长度 9 米
机身高度 3.3 米
旋翼直径 10.1 米

TOP5 S-92 中型直升机

机身长度 17.1 米
机身高度 4.71 米
旋翼直径 17.17 米

TOP4 EC130 轻型直升机

机身长度 10.68 米
机身高度 3.34 米
翼展 10.69 米

TOP3 EC135 轻型直升机

机身长度 12.16 米
机身高度 3.51 米
旋翼直径 10.2 米

TOP2 贝尔 206 轻型直升机

机身长度 12.11 米
机身高度 2.83 米
旋翼直径 10.16 米

TOP1　AW109 轻型直升机

机身长度 13.04 米
机身高度 3.5 米
旋翼直径 11 米

基本性能对比

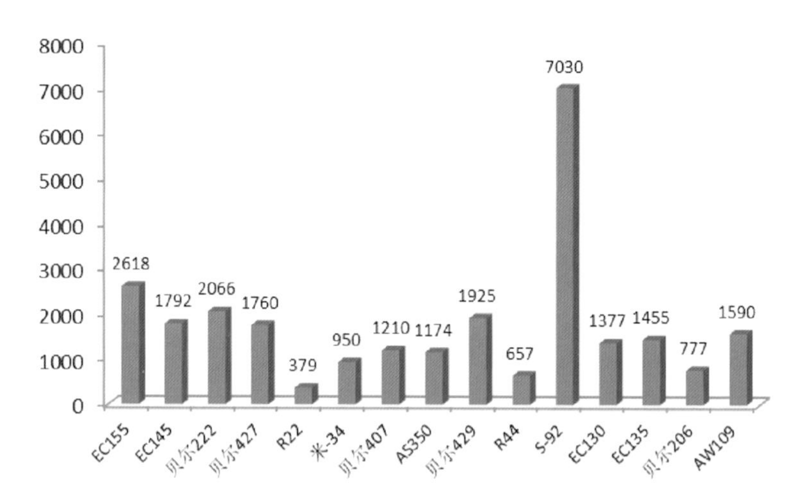

空重对比图（单位：千克）

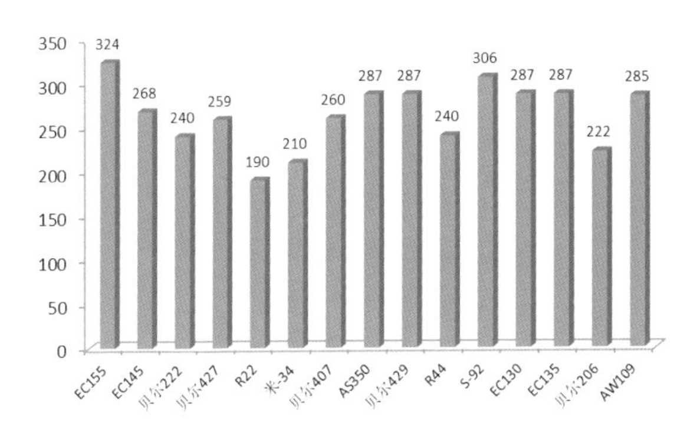

最大速度对比图（单位：千米 / 时）

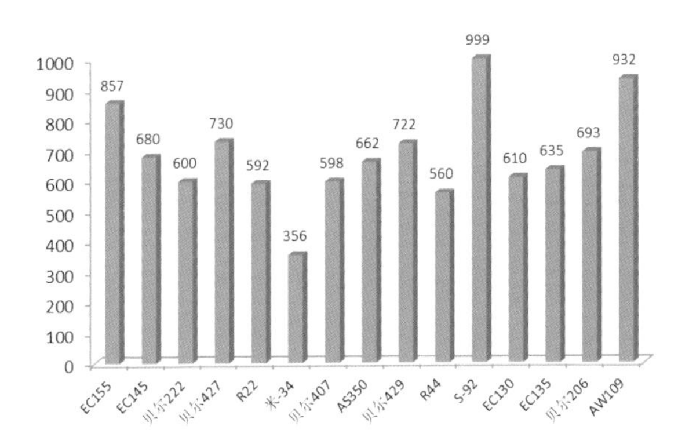

最大航程对比图（单位：千米）

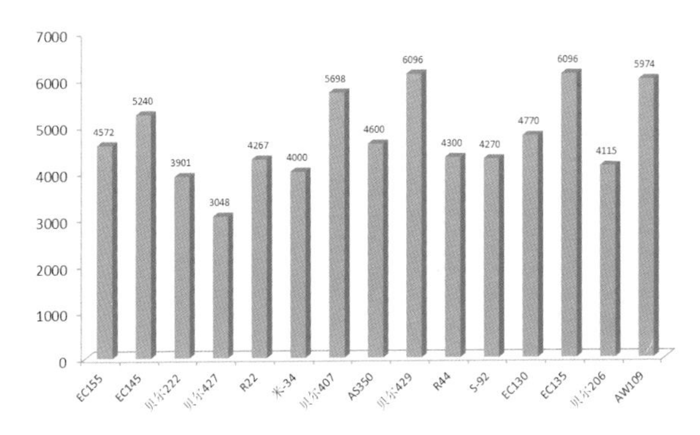

最高升限对比图（单位：米）

EC155 中型直升机

EC155 中型直升机是欧洲直升机公司研制的双发远程通用直升机。

排名依据

EC155 中型直升机具有充足的剩余功率，在同级直升机中具有较快的巡航速度（278 千米 / 时）和 857 千米的航程，能搭载一般乘客或是改装成救护直升机或 VIP 豪华专机。

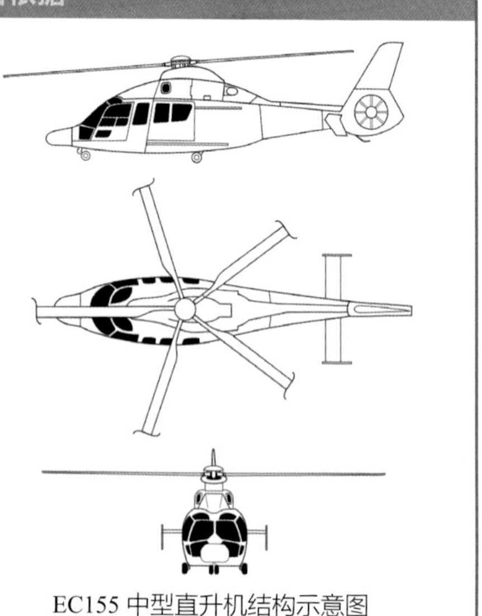

EC155 中型直升机结构示意图

建造历程

EC155 中型直升机是在原法国直升机公司“海豚 II”直升机基础上通过换装更先进的航空发动机和五叶片主旋翼，并对航空电子设备和机舱内饰进行改进后研制而成的，主要面向民用直升机市场。1997 年，EC155 中型直升机在巴黎航展上首次公开展出。1999 年，EC155 中型直升机取得了法国民航局和德国政府的适航证，同年开始交付使用。

EC155 中型直升机前侧面特写

机体构造

EC155 中型直升机采用五桨叶主旋翼、十桨叶涵道式尾桨，尾撑后部安装水平安定面，带有下掠式端板小翼。起落架为可收放前三点式。该机采用全玻璃座舱，装备了集成的数字飞行控制系统，采用有源点阵液晶显示器，装有欧洲直升机公司的机体发动机多功能显示系统。此外，该机还配备了四维数字式自动驾驶仪，以及全权数字式发动机控制系统。

EC155 中型直升机在海上作业

运输性能

作为“海豚”直升机大家族中的增强型，EC155 中型直升机增加了

30% 以上座舱空间，行李货舱同样增加了 30% 的容积。EC155 直升机的座舱环境舒适，可容纳 13 名乘客外加 2 名飞行员，若更换为舒适的 VIP 构造，则可搭载 8 名乘客加 2 名飞行员。

EC155 中型直升机正在降落

趣闻逸事

2002 年发展型号 EC155 B1 问世，它配备了更先进的发动机，增强了高空和炎热天气条件下的性能，专为公用、商务旅客和公务航空运行设计。从 2002 年 11 月首架交付后，全球已有多个政府机构和公司订购了 60 余架 EC155 中型直升机。

在城市上空飞行的 EC155 中型直升机

EC145 中型直升机

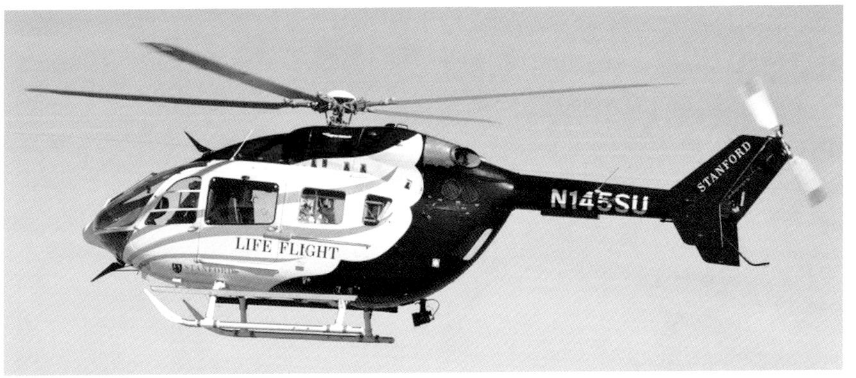

EC145 中型直升机是欧洲直升机公司研制的轻型双发多用途直升机。

排名依据

EC145 中型直升机具有商载大、航程远、噪声低、驾驶舱舒适宽敞、驾驶员工作负荷轻、系统安全可靠、使用成本低等特点，并符合欧洲 JJAROPS 最新适航要求，允许在人口密集地区和市区起降。自投放市场以来，EC145 中型直升机便深受用户青睐。

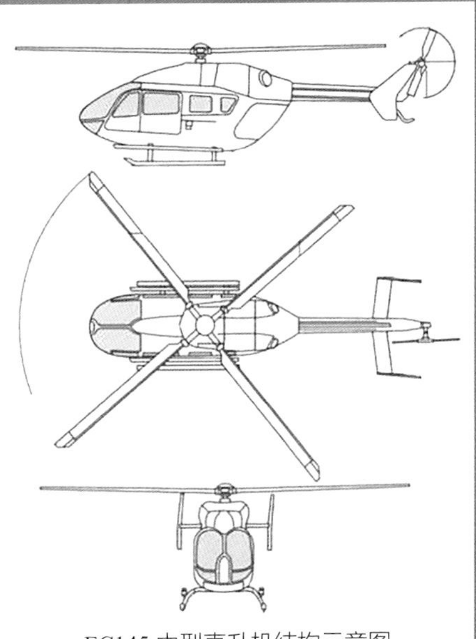

EC145 中型直升机结构示意图

建造历程

为缩短研制周期，尽早投放市场，欧洲直升机公司在研制 EC145 中型直升机的过程中走了捷径，将 EC135 中型直升机的前机身和 BK117 直升机的后机身拼合起来组成 EC145 中型直升机。因此，EC145 中型直升机实际上是 EC135 中型直升机和 BK117 直升机的优化组合。EC145 中型直升机基本型于 1998 年开始研制，1999 年 6 月首次试飞，2002 年开始交付使用。

停机坪上的 EC145 中型直升机编队

机体构造

EC145 中型直升机广泛采用先进技术，拥有高性能旋翼桨叶、气动优化的机身，具有现代化人机接口特点的驾驶舱、大视野风挡玻璃和宽敞的座舱等。该机采用先进的三维 CATIA 软件设计，在方案论证期间建立了多种数字实体模型，用于评估油箱安装、座舱外形、选装设备装配等。此外，为节省专用工装，EC145 中型直升机采用了许多与 EC135 中型直升机相同的设计。为减少零件重量和降低加工成本，特别重视选材。机身主要结构选用薄壁型材，座舱框架、顶板和地板、发动机整流罩及舱门等都选用轻质复合材料。

EC145 中型直升机在高空飞行

运输性能

EC145 中型直升机有 1～2 名飞行员，最多可搭载 9 名乘客。在执行救护任务时，座舱内可布置 2 副担架和 3 个座椅，座椅供医生和护士使用。该机的最大起飞重量为 3585 千克，最大外挂重量为 1500 千克。

飞行中的 EC145 中型直升机

趣闻逸事

法国警察局为了更新仍在使用的 20 世纪 60 年代生产的“云雀”-3 直升机，已订购 9 架 EC145，2002 年底已交付使用 3 架。

EC145 中型直升机侧下方特写

贝尔 222 轻型直升机

贝尔 222 直升机是美国贝尔直升机公司研制的民用双发轻型直升机。

排名依据

贝尔 222 是美国贝尔直升机公司研制的第一款双发轻型民用直升机，最大爬升率为 8.79 米 / 秒，实用升限为 4815 米。其基本型在 1982 年 7 月 29 日成为获得美国联邦航空局没有增稳设备的单驾驶员仪表飞行适航证的第一架运输类直升机。

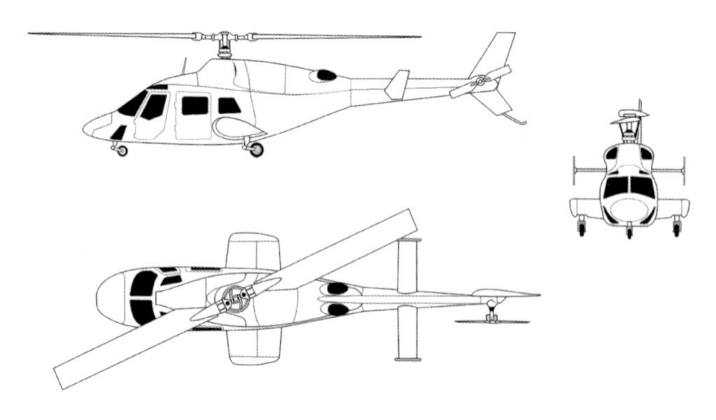

贝尔 222 轻型直升机结构

建造历程

贝尔 222 直升机的原型机于 1976 年 8 月 13 日首次试飞，1979 年 8 月 16 日获得美国联邦航空局的适航证并投入批量生产，1980 开始交付使用。

飞行中的贝尔 222 直升机

机体构造

贝尔 222 直升机的旋翼系统采用两片旋翼桨叶，其桨毂为钛合金结构，旋翼桨叶不能折叠，尾桨为两片不锈钢结构桨叶。贝尔 222 的机身为轻合金半硬壳式结构，关键部位采用破损安全设计，起落架为液压可收放式前三点起落架。

贝尔 222 直升机侧面特写

运输性能

贝尔 222 直升机的座舱采用 1 名驾驶员和 7 名乘客 2-3-3 的布局，另一种布局是正副驾驶员各 1 名，乘客 6 名。贝尔 222 的主要型号有：贝尔 222A，基本型；贝尔 222B，改进型；贝尔 222 行政型，装有全套单套驾驶和双套驾驶的仪表飞行设备和全套自动飞行控制系统；贝尔 222UT 通用型，起落架为管形滑橇，滑橇上装有可拆卸的供地面操纵的机轮。

贝尔 222 直升机前侧面特写

趣闻逸事

贝尔 222 是按照美国联邦航空条例 FAR29 运输类要求设计的。1974 年 1 月，在决定研制贝尔 222 以前，贝尔公司在圣迭戈举行的美国直升机学会年会上展出了一架全尺寸样机。

贝尔 222 直升机进行飞行表演

12 TOP 贝尔 427 轻型直升机

贝尔427直升机是由美国贝尔直升机公司设计生产的双发轻型直升机。

排名依据

20 世纪 90 年代以来，在国际商用直升机市场上，双发轻型直升机成为新的热点，市场需求大，国际竞争激烈。为了抢占市场份额，贝尔直升机公司开始研制贝尔 427 直升机，其设计目标是提供一种在性能和有效载重方面与同类直升机相近、但价格更低的双发轻型通用直升机。贝尔 427 取代贝尔 206LT“双突击队员”成为贝尔直升机公司最大的直升机项目，是贝尔直升机公司第一款完全在计算机上设计的直升机。

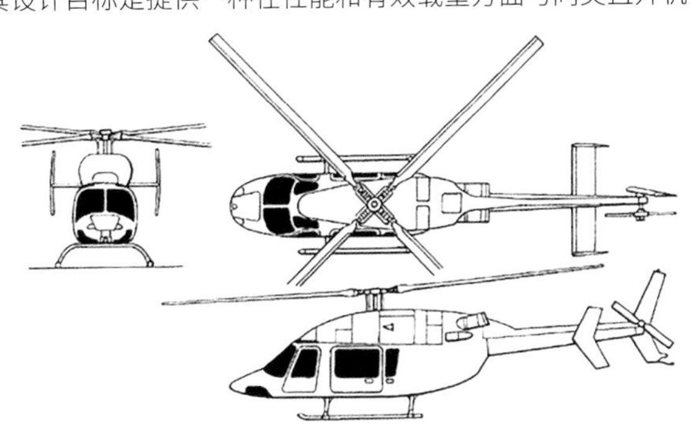

贝尔 427 轻型直升机结构示意图

建造历程

1997 年初，贝尔直升机公司开始组装第一架原型机，同年 12 月 11 日首次飞行。1999 年 11 月 19 日，贝尔 427 直升机获得加拿大运输类直升机适航证。2000 年 1 月，贝尔 427 直升机获得美国联邦航空管理局适航证，同年开始交付使用。

贝尔 427 轻型直升机前侧面特写

机体构造

由于广泛采用碳纤维 / 环氧树脂复合材料，贝尔 427 直升机的机身零件数较贝尔 206 直升机大幅减少。座舱地板和舱顶为了便于制造采用平板构型，其他部位也尽可能不使用或少使用曲板。贝尔 427 直升机采用单旋翼带尾桨式布局，使用四叶片主旋翼系统，具有刚性复合材料旋翼桨毂和两叶片尾桨。带端板平尾位于尾梁中后部。垂尾分上、下两部分，下部垂尾下端装有尾撑。尾桨位于尾梁末端左侧。

贝尔 427 轻型直升机后侧面特写

运输性能

贝尔 427 直升机的座舱座椅布置有两种标准方案：一种为 2 排面对面三座椅的标准俱乐部座椅；另一种为 2 排面对面二座椅的公务俱乐部座椅，每排座椅之间有供放茶点饮料的茶几。此外，也可选择 2 排面向前三座椅的标准航空公司座椅。紧急医疗救护型贝尔 427 直升机，座舱内可安排 1～2 副担架，1～2 名医护人员。货物运输型贝尔 427 直升机，座椅全部拆除，选用可移动货舱平地板，配备货物系留装置。

贝尔 427 轻型直升机正在降落

趣闻逸事

贝尔 427 的整体结构系统在美国德克萨斯州的沃思堡市制造，最后在加拿大魁北克米拉贝尔工厂进行组装。此前，贝尔直升机公司还与韩国三星宇航工业公司签署了贝尔 427 的合作伙伴关系协议。三星宇航工业公司在贝尔 427 项目中起着非常重要的作用，该公司为贝尔 427 制造机身和尾梁，还在韩国泗川的工厂里组装向东亚地区销售的贝尔 427 直升机整机。

飞行中的贝尔 427 轻型直升机

R22 轻型直升机

R22 直升机是美国罗宾逊直升机公司研制的双座单发轻型直升机。

排名依据

凭借其优异的性能和安全性，以及实惠的价格，让单发双座 R22 直升机在近二十年的时间里一度成为世界上最受期待的轻型直升机之一，至今已超过 3600 架 R22 直升机交付于世界各地的 60 多个国家。R22 直升机保持了在相同重量等级内的包括速度、高度和距离的每一项性能纪录。最新型的 R22 仍然拥有在飞机行业内最实惠的价格和最低的操作成本。

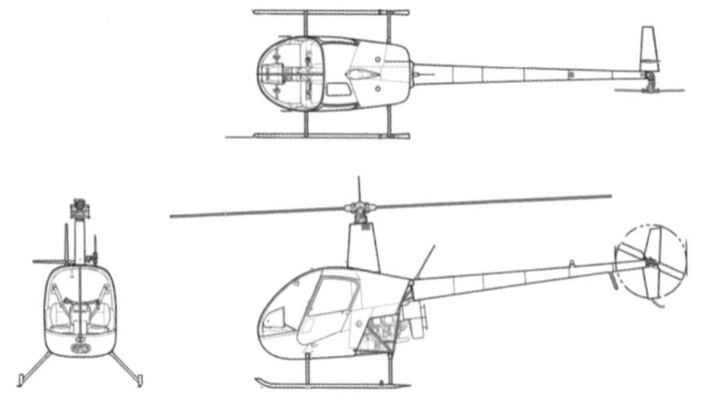

R22 轻型直升机结构示意图

建造历程

R22 直升机于 1973 年 6 月开始设计，第一架原型机于 1975 年 8 月 28 日首次飞行，第二架原型机于 1977 年初制成。1979 年 3 月 16 日，R22 直升机获得美国联邦航空局适航证。1981 年 6 月，获得美国民航局适航证，之后又陆续在其他国家获得适航证。1979 年 10 月，R22 直升机开始交付使用。

R22 轻型直升机前面特写

机体构造

R22 直升机采用两片桨叶的半刚性旋翼，桨毂使用 3 个铰链悬挂，以减少桨叶柔性、旋翼震动和操纵力反馈。弹性跷跷板铰链装有限动块，以防大风中起动和旋翼停转时桨叶打到尾梁。起落架为固定滑橇式起落架。

在海上飞行的 R22 轻型直升机

运输性能

R22 直升机的有效载荷为 417 千克，除驾驶员外，仅能搭载 1 名乘客。在封闭的座舱里有两副并排的座椅。周期变矩操作杆安装在两座椅之间，在轭形件上有两个操作把手，能由两个座椅上的人员驾驶直升机。两副座椅下面能够放行李，座舱可通风加热。

R22 轻型直升机正在起飞

趣闻逸事

2016 年 1 月 27 日，一架 R22 直升机在美国长岛一处居民区紧急迫降，机上两人受轻伤，安全逃出。幸运的是，直升机没有撞到厂房，而且机上人员也平安无事。

R22 轻型直升机后侧面特写

米 -34 轻型直升机

米 -34 直升机是米里设计局研制的四座轻型多用途直升机。

排名依据

米 -34 是军民两用直升机中的典范产品，所具备的飞行技术特性和结构特点保证了该机在最大过载系灵敏条件下完成特技直升机的各种特技飞行和后飞的机动动作，能完成世界冠军比赛大纲所规定的动作，其中包括准确驾驶、准确到达、准确领航和回避障碍。

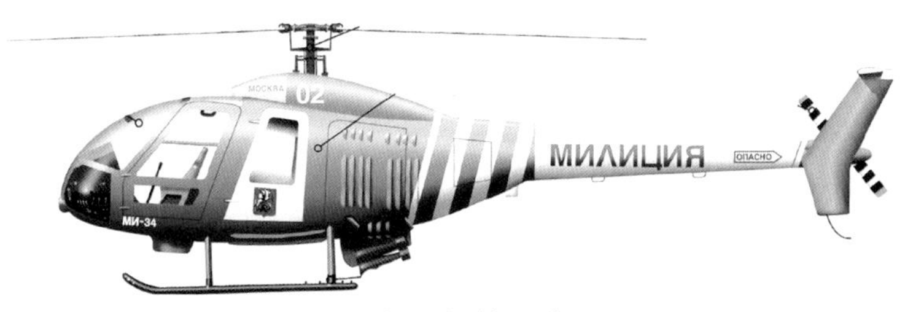

米 -34 轻型直升机示意图

建造历程

1986 年，米里设计局制造了 2 架原型机和 1 架结构试验机，同年首次试飞，并在巴黎航展上公开展出。1993 年，米 -34 直升机开始交付使用。该机主要有两种机型：双排座教练型和单排座运动型。

米 -34 轻型直升机前侧面特写

机体构造

米 -34 直升机的机身采用轻合金铆接结构，半铰接式旋翼有 4 片玻璃纤维桨叶，带有挥舞铰和周期变距铰。尾翼为 T 形，后掠垂尾顶部装有小型无后掠平尾。尾桨有 2 片复合材料制造的桨叶，装在尾梁右侧。起落架为普通不可收放滑橇式起落架。

米 -34 轻型直升机侧面特写

运输性能

米 -34 直升机装有两套操纵装置，从而使这种直升机既可以作为教练机，又可以作为联络机和巡逻机，驾驶舱后面有一个空间舱，必要时可载人或装货。该机有 1～2 名机组人员，可搭载 2～3 名乘客。

米 -34 轻型直升机侧面特写

趣闻逸事

按 2011 年币值，每架米 -34 直升机的造价为 100 万美元。

飞行中的米 -34 轻型直升机

贝尔 407 轻型直升机

贝尔 407 直升机是美国贝尔直升机公司研制的七座单发轻型直升机。

排名依据

贝尔 407 直升机把贝尔 206 系列直升机的坚固可靠与美国陆军军用直升机系列的高性能结合在一起，成为国际上用于企业行政级商务飞行、私人俱乐部飞行、警务执法、反恐、空中支援、消防、灭火、医疗救护等最具有竞争力的直升机，同时它也是目前世界上完成此类任务最多的直升机机型之一。

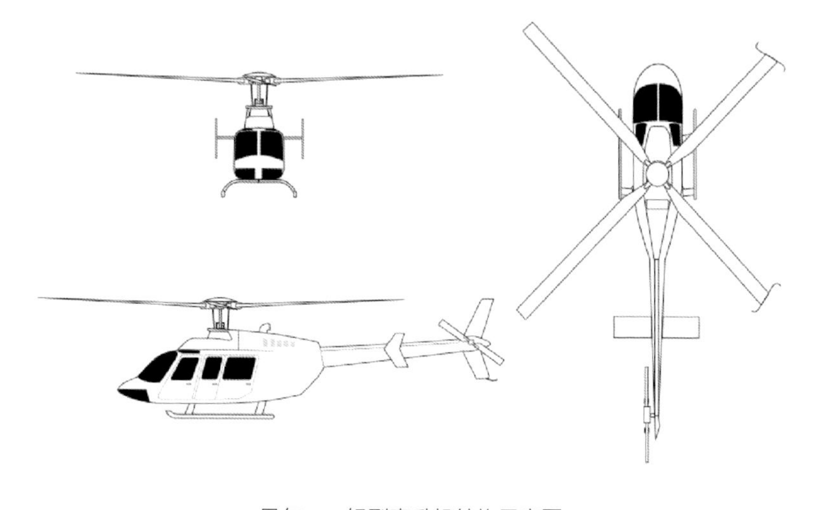

贝尔 407 轻型直升机结构示意图

建造历程

贝尔 407 直升机的研发工作始于 1993 年，1995 年 1 月该项目首次在拉斯维加斯的直升机展览会上公布。原型机和预生产型机分别于 1995 年 6 月 29 日和 1995 年 7 月 13 日首次试飞。1996 年 2 月 9 日，贝尔 407 直升机取得加拿大运输部的型号合格证，同年 2 月 23 日取得美国联邦航空局的型号合格证。1996 年 2 月，贝尔 407 直升机首次交付使用。

飞行中的贝尔 407 直升机

机体构造

贝尔 407 直升机采用单旋翼带尾桨布局，装有经过改进的 OH-58D 军用直升机的四片桨叶旋翼、尾桨和减速器系统。机体防护有所改善。前机身包括驾驶舱和座舱，空间不拥挤，改善了乘坐舒适性。机身两侧舷窗面积较大，安装特殊玻璃，增加了舱内采光，扩大了驾驶员和乘员视野。

贝尔 407 直升机前侧面特写

运输性能

贝尔 407 直升机的标准布局为 5 名乘客和 2 名机组人员，驾驶舱坐 2 名机组人员，座舱有两排背靠背的座椅，前面坐 3 名乘客，后面坐 2 名乘客。该机的内部最大载荷为 1089 千克，外部最大吊挂载荷为 1200 千克。该机可实施垂直起落，左右横行、前进及倒退，并能在空中悬停和定点转弯等，因其具有机身小、飞行灵活的特点，所以适合执行公务、医疗急救、抢险救灾、海洋作业、航拍等任务。

在高空巡逻的贝尔 407 直升机

美国陆军曾订购贝尔 407 轻型直升机作为武装侦察直升机，编号为 ARH-70。

贝尔 407 直升机后侧面特写

AS350“松鼠”轻型直升机

AS350“松鼠”轻型直升机

AS350“松鼠”直升机是法国宇航公司研制的一款轻型多用途直升机。

排名依据

AS350 直升机的外挂重量超过 1 吨，以高性能、坚实耐用、可靠性高、维修成本低等特点而著称，自首次飞行以来，该机型的世界总飞行小时数已接近 200 万小时。

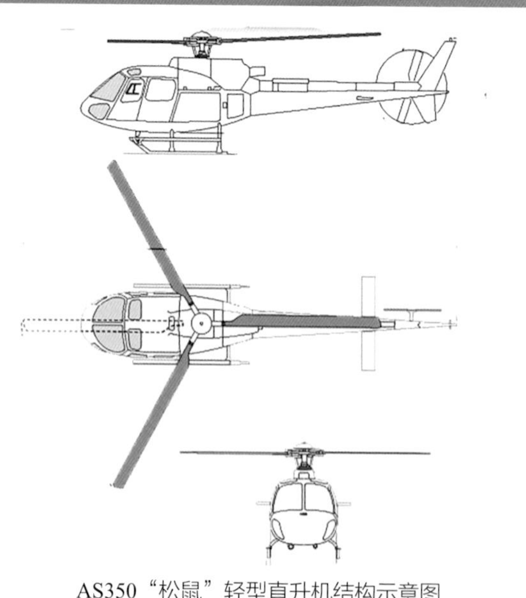

AS350“松鼠”轻型直升机结构示意图

建造历程

1971 年法国宇航公司提出要研制一款轻型直升机作为“云雀”II 的后继机，要求性能比“小羚羊”直升机更好。1972 年该机完成方案论证阶段，1973 年 4 月做出研制原型机的决定。1974 年 6 月 30 日，第一架原型机进行首次试飞。1976 年 3 月公开宣布研制成功 AS350“松鼠”直升机，1978 年初开始服役。

AS350 轻型直升机正在降落

机体构造

AS350“松鼠”直升机采用单旋翼带尾桨式布局。尾桨位于尾梁右侧，平尾位于尾梁中部，后掠的垂直尾面由两部分组成，分别位于尾梁的上下方。采用钢管滑橇式起落架，必要时可加装飘浮装置。旋翼由 3 片复合材料桨叶构成，桨叶大梁由复合材料制成并构成桨叶前缘。蒙皮也同样采用复合材料。尾桨为跷跷板式，附有机械变距铰。发动机装在座舱后部的机身顶棚上部。

正在空中执行任务的 AS350 轻型直升机

运输性能

AS350“松鼠”的座舱前排右座为驾驶员，后排有 1 个长条软椅，可乘坐 4 人，连同前排左座可乘坐 5 人。由于其座舱宽敞和具有多用途，AS350 可被简便地进行重构，来担任各类任务，从通用和重载运输到医疗救助、搜救、空中执法、石油平台支持和公务用途。

AS350 轻型直升机前侧方特写

2005 年 5 月 14 日，由欧直测试飞行员德尔·萨勒驾驶的 AS350 B3 在珠穆朗玛峰顶起降，国际航空联盟证实了这项世界第一的纪录。

AS350 轻型直升机前面特写

TOP 7 贝尔 429 轻型直升机

贝尔 429 直升机是美国贝尔直升机公司研制的民用双发轻型直升机。

排名依据

贝尔 429 的问世被称为贝尔直升机公司力挽狂澜的放手一搏，因为它在双发轻型直升机中的确出类拔萃。贝尔 429 直升机的多用途设计及骄人的性能，使之能够为多种部门服务，能够执行包括急诊医疗、近海石油和天然气勘探支持、空中执法和搜索救援等任务，同时也能满足私人客户的需求，可以提供私人运输的直升机服务。

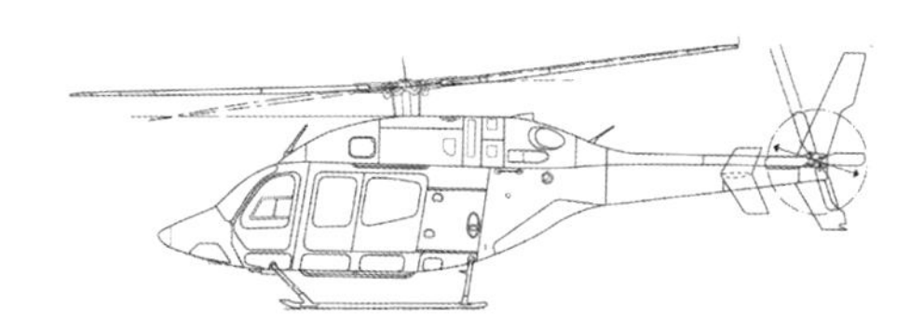

贝尔 429 轻型直升机结构示意图

建造历程

贝尔 429 直升机于 2007 年 2 月 27 日首次试飞，最初计划于 2007 年年底完成认证，但由于零部件供应商进度问题被延误，导致研发时间延长。2008 年 2 月，有 3 架贝尔 429 完成了 600 小时飞行测试。2009 年开始批量生产并交付使用。

飞行中的贝尔 429 轻型直升机

机体构造

贝尔 429 直升机采用四桨叶旋翼和双桨叶尾翼，起落架为固定滑橇式。尾撑中段装有水平安定面，带有端板小翼。贝尔 429 直升机拥有宽敞的开放式机舱和平面地板，客舱空间扩大到 6.16 立方米，远大于贝尔 427 直升机的客舱，由此带来一系列空间上的优势，完全摆脱了拥挤逼仄的尴尬。

该机可加装良好状况使用监控系统，可监控旋翼运动轨迹和平衡的信息，以及主减速器、传动系统和发动机的数据，包括机身和飞行轨迹的数据。

在海上执行任务的贝尔 429 轻型直升机

运输性能

贝尔 429 直升机的有效荷载重量超过 1200 千克，舱内配有 8 个真皮座椅，拥有足够空间的机舱使得双腿可以在座位上尽情舒展，快速拆分的座椅可以灵活重置舱内构造。用于医疗救护时，重置后的机舱更可容纳 2 副担架和数名医务人员。用于最顶级的商务飞行时，可以改为 4 个座椅。

在极地环境执行任务的贝尔 429 轻型直升机

趣闻逸事

按 2014 年币值，每架贝尔 429 直升机的造价为 750 万美元。贝尔直升机公司预计贝尔 429 直升机的直接使用成本约 480 美元 / 时。

贝尔 429 轻型直升机前侧面特写

6 TOP R44 轻型直升机

R44 直升机是美国罗宾逊直升机公司研制的四座单发轻型直升机。

排名依据

罗宾逊直升机公司以生产低价位、高标准、高性能的轻型直升机而信誉卓著，R44 直升机完全具备了这些特征。作为当前销售业绩较好的四座活塞式直升机，是当前销售数量最大的轻型直升机之一。不仅承袭了 R22 直升机的高可靠性、容易维修及低操作成本特色，而且拥有较大型直升机的高性能、舒适性、易操控性等特点。

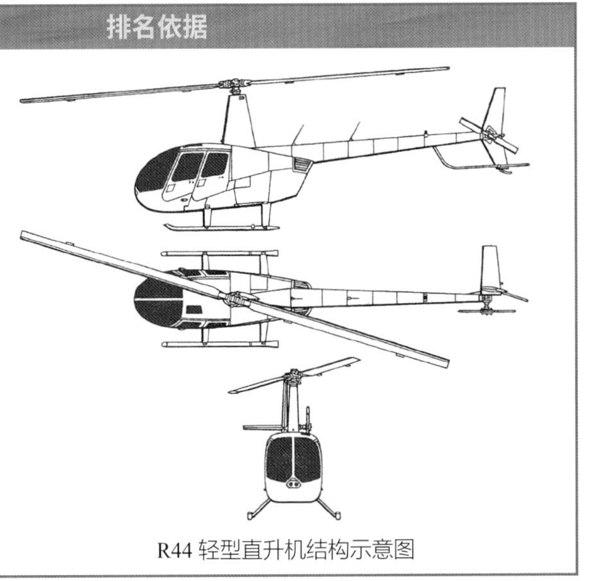

R44 轻型直升机结构示意图

建造历程

R44 直升机是美国罗宾逊直升机公司在 R22 直升机的基础上研制的，1990 年 3 月首次试飞，1993 年正式投入市场，因其用途广泛，年生产量从 1996 年的 78 架迅速增长为 2000 年的 264 架，至 2017 年 7 月，生产总量已超过 5800 架。

R44 轻型直升机准备降落

机体构造

R44 直升机的机体线条优美，其设计符合空气动力学原理，有效提高了飞行速度和效率。主旋翼和上下垂直尾翼都是两片桨叶，主旋翼桨毂高置，尾桨在左侧。起落架为固定滑橇式起落架。采用罗宾逊直升机公司最新开发的液压助力系统，消除了驾驶杆机械传动产生的震动现象，使驾驶更轻松。驾驶舱配备了可调式脚舵，方便飞行员调整姿势。R44 直升机可装备固定或应急快速充气浮筒，能在水上飞行和起降。

海上飞行的 R44 轻型直升机

运输性能

罗宾逊直升机公司在工艺设计方面一贯强调优质可靠，根据美国国家交通安全委员会的统计数字，由于机身或发动机故障引起的事故，R44 直升机比其他直升机要少得多。R44 直升机拥有封闭式机舱，舱内有两排座椅，可以乘坐 1 名驾驶员和 3 名乘客，有效载荷为 998 千克。

R44 轻型直升机在海上巡逻

趣闻逸事

R44 直升机也可作为警用机使用。据统计，投入一架警用直升机的作用等同于 30 辆警车和 100 名警察。警用直升机监视范围可达到地面警察的 15 倍。

R44 轻型直升机前侧面特写

S-92 中型直升机

S-92 直升机是美国西科斯基飞机公司研制的双发中型直升机。

排名依据

S-92 直升机可用于客运、货运、航空救护、搜索救援等任务，具有售价便宜、使用成本低、机内空间大、客舱安静等特点。由于 S-92 直升机能满足军用和民用的多种使用要求，同时经济性也较好，所以在同类直升机中极具竞争力。

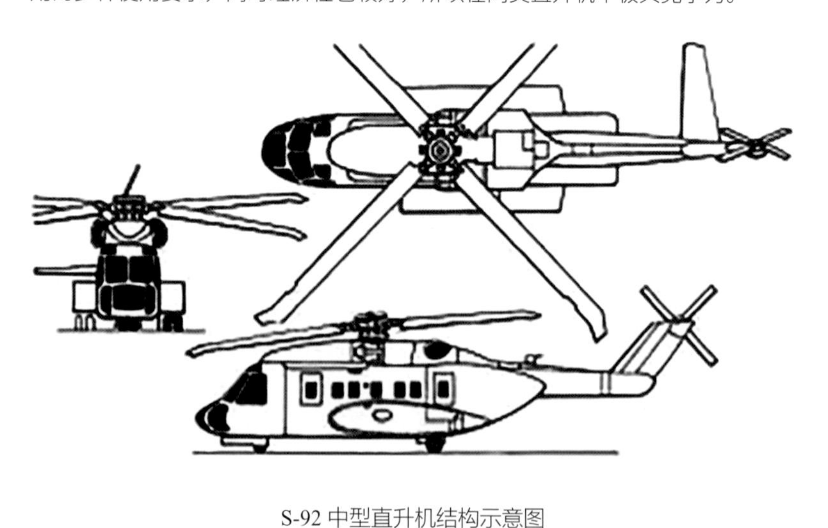

S-92 中型直升机结构示意图

建造历程

20 世纪 90 年代初，由于苏联解体，国际形势趋于缓和，西科斯基飞机公司预测民用中型直升机的市场需求会有所增长，决定研制一种面向 21 世纪的军民通用型新型中型直升机。该计划正式于 1992 年在西科斯基飞机公司立项，命名为 S-92“直升客车”直升机。S-92 直升机于 1995 年 6 月在巴黎航展上展出。1998 年首次试飞，2004 年投入使用。

城市上空飞行的 S-92 中型直升机

机体构造

S-92 直升机的机体广泛采用复合材料，采用复合材料的部位包括整流罩、浮筒式燃油箱舱、机头座舱罩、尾斜梁前后缘等，所采用的复合材料占机体重量的 40%。复合材料的应用不仅减轻了重量，还提高了耐腐蚀性和抗破裂的能力。旋翼系统采用具有先进高速翼型的大弦长复合材料桨叶，桨叶由石墨大梁、玻璃纤维蒙皮等组成，桨尖尖削，有 30 度后掠角和 20 度下反角。尾斜梁由铝合金主体构架及碳纤维复合材料整流罩组成。

S-92 中型直升机前面特写

运输性能

S-92 直升机有 2 名机组人员，用于客运时，最多可以安装 22 名乘客座椅。用于货运时，有效载荷为 12020 千克，吊钩最大的承载能力为 4536 千克。该机的搜索距离可达到 1090 千米以上，在必要的情况下，也可以对该机进行空中加油。

S-92 中型直升机准备降落

趣闻逸事

西科斯基飞机公司在 S-92 直升机项目上的风险投资伙伴有日本三菱重工业株式会社（7.5%）、西班牙格曼萨公司（7%）、巴西航空工业公司（4%）等。

S-92 中型直升机侧面特写

EC130 轻型直升机

EC130 直升机是欧洲直升机公司研制的单发轻型直升机。

排名依据

EC130 直升机维护简单，能够完成各类任务，包括观光运输、空中执法或紧急医疗等。其特点为宽敞、舒适和噪声水平非常低，可满足世界各地最严格的噪声限制规章。

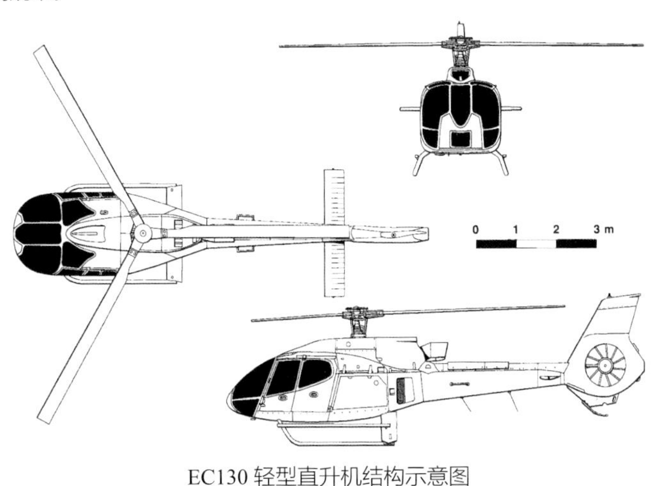

EC130 轻型直升机结构示意图

建造历程

EC130直升机由AS350“松鼠”直升机衍生而来，但采用涵道式尾桨和更宽的座舱，该飞机于1999年6月首次试飞，在2001年2月的拉斯维加斯直升机展会上亮相后开始交付使用。EC130直升机至今共计生产了700架。

飞行中的EC130轻型直升机

机体构造

EC130直升机采用三桨叶主旋翼、十桨叶涵道式尾桨，尾撑后部安装水平安定面。起落架为固定滑橇式。EC130直升机具有非常低的外部噪声水平，比国际民航组织噪声限制值低7分贝。这些优点得益于采用了低噪声的涵道式尾桨和尾桨转速自动控制。宽敞的模块化座舱内噪声水平很低，且具有符合美国航空管理局规章的耐坠毁性座椅。

EC130轻型直升机正在起飞

运输性能

EC130直升机配备了符合目视飞行规则昼间飞行的标准无线电通信和导航系统，其中包括与全球定位系统相连的综合仪表板。该机具备夜间按照目视飞行规则飞行的能力。EC130直升机的有效载荷为1050千克，最大起飞重量为2427千克。该机有1名飞行员，最多可以搭载6名乘客，其中有2名坐在前排，4名坐在后排。

EC130轻型直升机侧面特写

趣闻逸事

EC130 在设计时与旅游业者密切合作，蓝色夏威夷直升机公司成为首家使用者，于 2001 年首次交付蓝色夏威夷直升机公司使用，现在可以经常在夏威夷和科罗拉多大峡谷看到它的身影。

EC130 轻型直升机前侧面特写

3 TOP EC135 轻型直升机

EC135 直升机是欧洲直升机公司设计并制造的双发轻型直升机。

排名依据

EC135 直升机被广泛运用于警务与急救领域，同时也用于执行运输任务。较低的事故率和较大的内部空间令 EC135 直升机深受欢迎，全球超过 80% 的准军用机构及执行空中救援 / 空中医疗任务的机队采用的都是这款直升机，该机也因此成为目前销量最大的双发轻型直升机之一。

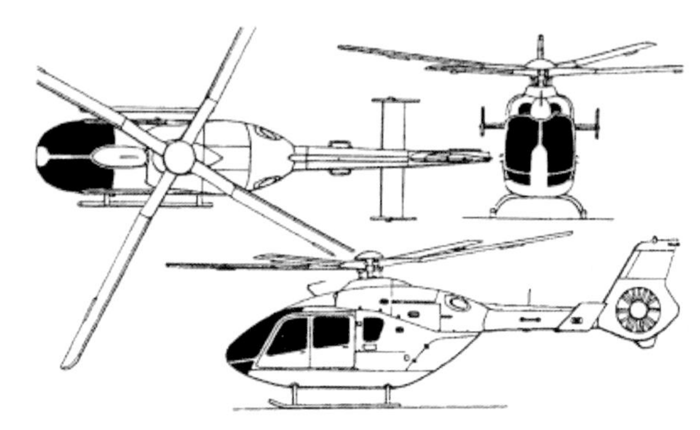

EC135 轻型直升机结构示意图

建造历程

最初 EC135 是作为德国梅赛施密特 - 伯尔科 - 布罗姆公司的 BO 108 直升机进行开发的，1988 年 10 月 17 日进行了首次技术验证飞行。在梅赛施密特 - 伯尔科 - 布罗姆公司与法国宇航直升机部门合组为欧洲直升机公司后，BO 108 直升机逐渐发展成为 EC135 直升机，并于 1994 年 2 月 15 日首次试飞，1996 年开始交付使用。

EC135 轻型直升机前侧面特写

机体构造

EC135 直升机运用了一系列的高新科技，包括无铰接旋翼、全复合材料无轴承尾桨、装有减震装置的紧凑型变速箱（允许更高的客舱高度）、

复合材料结构、改进的气动外形、现代航空电子设备和电子飞行仪表系统等。起落架为可收放前三点式。

EC135 轻型直升机在低空飞行

运输性能

EC135 直升机有 1 名飞行员，客舱能配备 8 个座位，也能更改配置用于执法人员或贵宾运送、紧急医疗服务、搜寻和救援等任务。该机的载重大、噪声低，但升限较低、续航时间不长，有效载荷为 1455 千克。

正在执行任务的 EC135 直升机

趣闻逸事

1996 年首架生产型 EC135 进入德国空中援救公司使用，至今超过 1400 架 EC135 直升机在 20 余个国家服役。

EC135 直升机侧面特写

贝尔 206 轻型直升机

贝尔 206 直升机是美国贝尔直升机公司研制的五座单发轻型直升机。

排名依据

贝尔 206 是世界首款搭配涡轴发动机的民用轻型直升机，一经投产就迅速占领了市场。作为第一款由军用直升机衍生的民用直升机，贝尔 206 尤为强调人体工学设计，以便增加直升机的舒适性。贝尔 206 具有稳定、可靠的飞行性能，依托贝尔直升机公司提供的拥有极高用户评价的日常飞行服务支持，可以用极低的运营成本为运营商提供多种任务能力。

贝尔 206 轻型直升机结构示意图

建造历程

贝尔 206 直升机于 1965 年 4 月开始研制，1966 年 1 月 10 日第一架原型机试飞，1966 年 10 月取得美国联邦航空局的适航证，1967 年初开始交付使用。截至 2017 年 7 月，贝尔直升机公司以及其他许可证生产者共生产 7300 多架贝尔 206 系列直升机，其中 4600 多架是民用型。

贝尔 206 轻型直升机正在降落

机体构造

贝尔 206 大量使用铝合金材料，以减轻重量。在机身设计上，宽敞的机门有利于飞行员和乘客上下飞机、装卸货物。贝尔 206 采用两片桨叶的半刚性跷跷板式旋翼，桨叶采用贝尔直升机公司标准的“前线下垂”型，桨叶由 D 型铝合金大梁、铝合金蒙皮、蜂窝芯和后段件铰接而成。尾桨为两片桨叶。座椅两侧各有前开的舱门，机身左侧有一个小舱门。该机可选装甚高频通信设备、全向导航仪、下滑指示器、自动测向仪等机载设备。

贝尔 206 轻型直升机准备起飞

运输性能

贝尔 206 直升机的座舱前面有两个并排驾驶员座椅，驾驶员座位后面为可供 3 人乘坐的长椅。座椅后面有可以装 113 千克货物的行李舱。该机主要用于运输、救援、测绘、油田开发及行政勤务等任务。

贝尔 206 轻型直升机在海上执行任务

趣闻逸事

作为一款常见的教练直升机，贝尔 206 让很多人第一次拥有涡轴直升机的飞行经验。速度快，而且易于驾驶，贝尔 206 因此持续生产了 40 年。

飞行中的贝尔 206 轻型直升机

TOP 1 AW109 轻型直升机

AW109 直升机是意大利阿古斯塔•韦斯特兰公司生产的双发八座轻型多用途直升机。

排名依据

AW109 用途广泛，可用作政府物质运输、近海航行、紧急药物供给或者执行监视和军队巡逻任务。该机可以在高温、高原地区、寒冷地区、强风和近海大湿度、高盐分环境下正常飞行，能够满足不同地区和环境作业的需求。凭着其性能表现出色、可靠性强、维修简单以及用途灵活等特点赢得了飞机驾驶员和操作者的认可和喜爱。

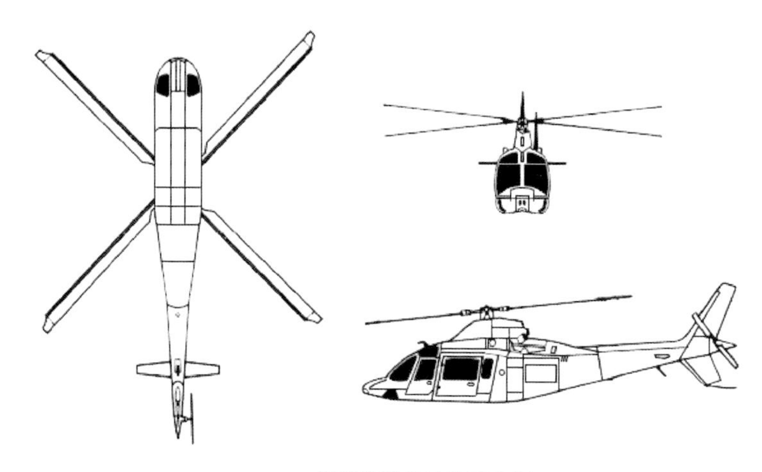

AW109 轻型直升机结构示意图

建造历程

AW109 直升机于1971 年 8 月 4 日首次试飞，1975 年 6 月获得意大利航空注册局和美国联邦航空管理局适航证，1976 年开始交付使用。

飞行中的 AW109 轻型直升机

机体构造

AW109 直升机安装了复合材料旋翼、弹性轴承和旋翼夹套以及钛合金的转子。该机采用轮式起落架，不仅极大地提高了直升机野外着陆的能力，也增加了绞车作业的安全性，同时轮式起落架的滑跑起飞和着陆功能也提高了直升机的作业性能。该机可以安装各种多用途设备，包括绞车、应急浮筒、红外夜视仪、外部扬声器、夜间搜索灯、吊挂货钩、消防水桶、各种紧急医疗救护设备等。

在城市上空飞行的 AW109 轻型直升机

运输性能

与其家族中的前辈相比，AW109 直升机大幅降低耗油量的同时还增加了航程和有效载荷。该机有 1 ～ 2 名机组人员，最多可以搭载 7 名乘客。客舱除了舒适、优雅外，还采用了最新的隔音技术，隔音效果颇为出色。

AW109 轻型直升机正在降落

趣闻逸事

2007 年至 2012 年，澳大利亚皇家海军（RAN）租用了三架 AW109 直升机来训练海军空勤人员。

AW109 轻型直升机在海上飞行

第6章 通用飞机

通用飞机是指从事工业、农业、林业、渔业、矿业、建筑业的作业飞行和医疗卫生、抢险救灾、气象探测、海洋监测、科学试验、遥感测绘、教育训练、文化体育、旅游观光等方面飞行活动的飞机。本章详细介绍了通用飞机制造史上影响力最大的 5 种型号，并根据核心技术、综合性能、单位造价、建造数量等因素进行了客观公正的排名。

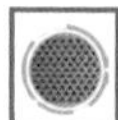

建造数量、服役时间及研制厂商

TOP5　肖特 330 通用飞机	
建造数量	141 架
服役时间	1976—1998 年
肖特兄弟公司	肖特兄弟公司是英国老牌的航空工业企业。1989 年 10 月，肖特兄弟公司被加拿大的庞巴迪公司所收购，从此成为庞巴迪公司的一个分公司

TOP4　别 -200 通用飞机	
建造数量	17 架
服役时间	2002 年至今
别里耶夫设计局	别里耶夫设计局成立于 20 世纪 30 年代初，无论是在苏联时期，还是在之后的时间里，该设计局已成为国家在研制水上飞机和水陆两用飞机方面的骨干科研和生产机构

TOP3　塞斯纳 208 通用飞机	
建造数量	2600 架
服役时间	1985 年至今
塞斯纳飞机公司	塞斯纳飞机公司成立于 1927 年，是世界上设计与制造轻、中型商务飞机、涡轮螺旋桨飞机，以及单发活塞式发动机飞机的主要厂商。赛斯纳以制造小型通用飞机为主，其产品线从小型双座单引擎飞机到商用喷气式飞机

TOP2 别-103通用飞机	
建造数量	23 架
服役时间	2003 年至今
别里耶夫设计局	别里耶夫设计局成立于 20 世纪 30 年代初，无论是在苏联时期，还是在之后的时间里，该设计局已成为国家在研制水上飞机和水陆两用飞机方面的骨干科研和生产机构

TOP1 塞斯纳172通用飞机	
建造数量	44000 架
服役时间	1956 年至今
塞斯纳飞机公司	塞斯纳飞机公司成立于 1927 年，是世界上设计与制造轻、中型商务飞机、涡轮螺旋桨飞机，以及单发活塞式发动机飞机的主要厂商。赛斯纳以制造小型通用飞机为主，其产品线从小型双座单引擎飞机到商用喷气式飞机

机体尺寸

TOP5 肖特 330 通用飞机

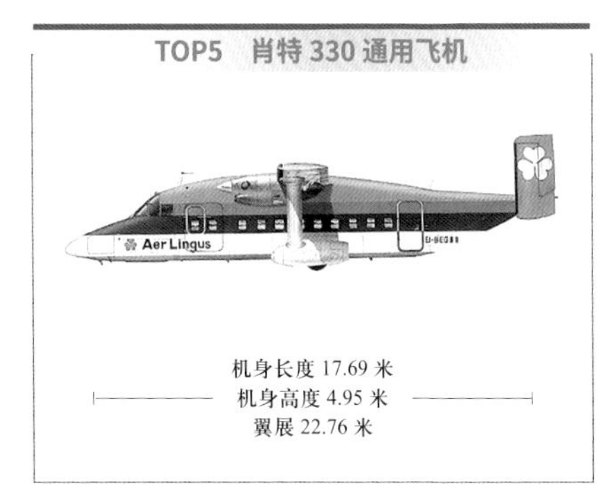

机身长度 17.69 米
机身高度 4.95 米
翼展 22.76 米

TOP4 别 -200 通用飞机

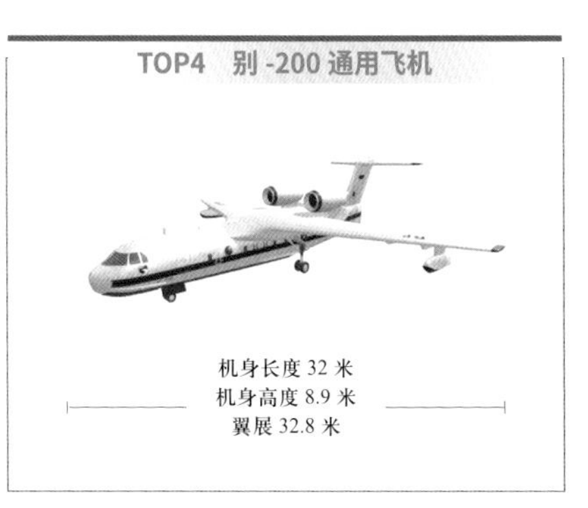

机身长度 32 米
机身高度 8.9 米
翼展 32.8 米

TOP3　塞斯纳 208 通用飞机

机身长度 11.46 米
机身高度 4.55 米
翼展 15.88 米

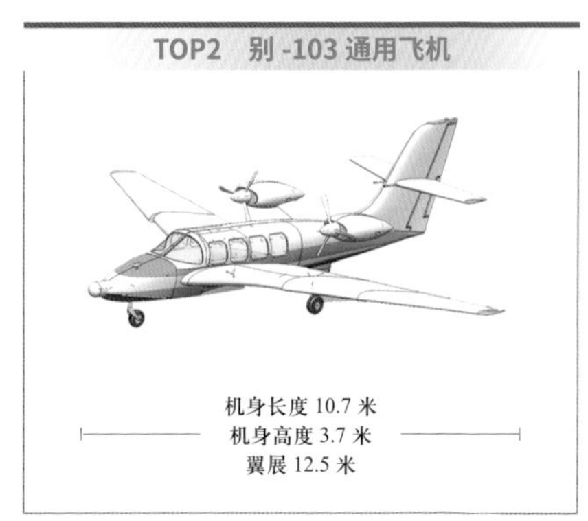

TOP2　别 -103 通用飞机

机身长度 10.7 米
机身高度 3.7 米
翼展 12.5 米

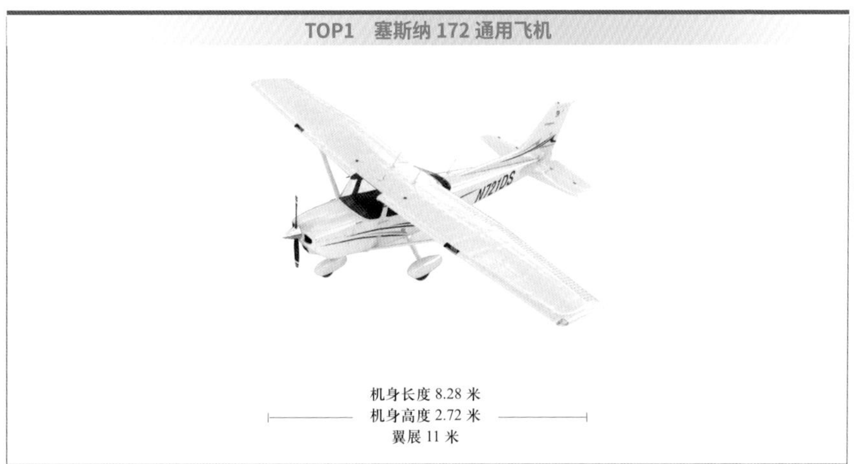

TOP1　塞斯纳 172 通用飞机

机身长度 8.28 米
机身高度 2.72 米
翼展 11 米

基本性能对比

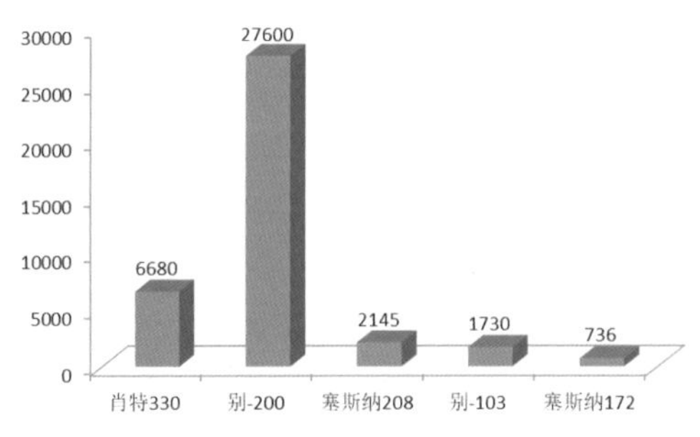

空重对比图（单位：千克）

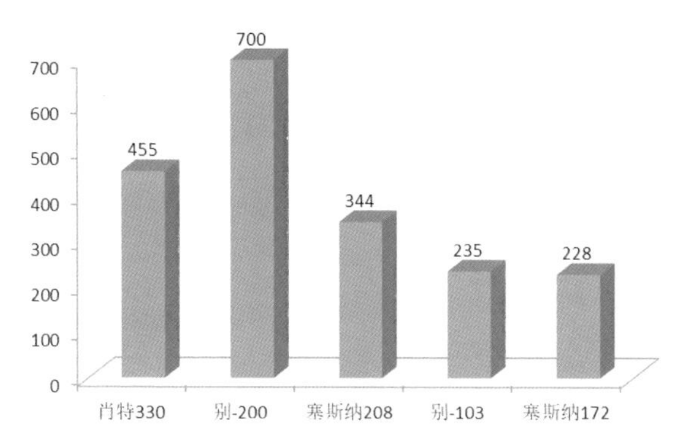

最大速度对比图（单位：千米/时）

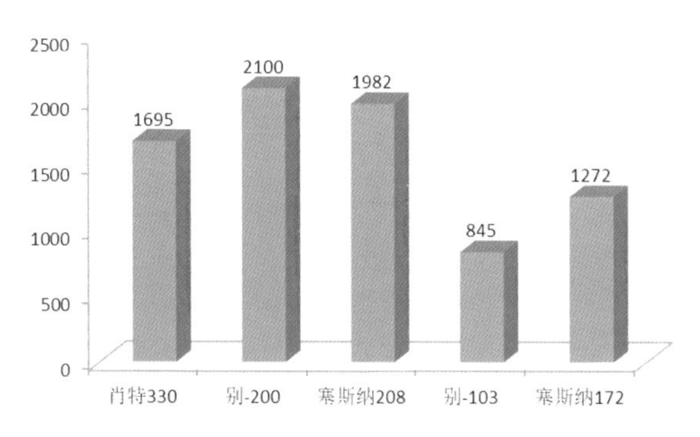

最大航程对比图（单位：千米）

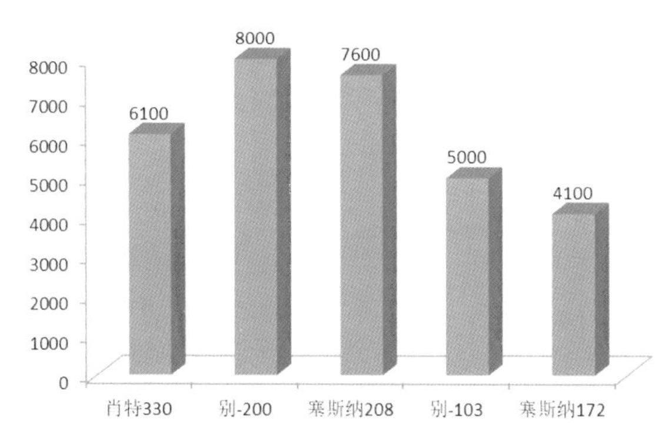

最高升限对比图（单位：米）

肖特 330 通用飞机

肖特 330 通用飞机是英国肖特兄弟公司研制的双发涡轮螺旋桨小型飞机。

排名依据

肖特 330 是“空中货车”的衍生型飞机，在投入服务时以相对低廉的价格和较低的运营成本而著称。设计上保留了许多“空中货车”的特性，如较大的机身横截面，结构部件的设计仍采用安全寿命方法和相同的设计原理。包括厕所和厨房的客舱长度比“空中货车”加长 3.78 米。量产型肖特 330 支线飞机配置灵活，根据市场需求，既可以作为客机使用，又可以作为运输机运货。

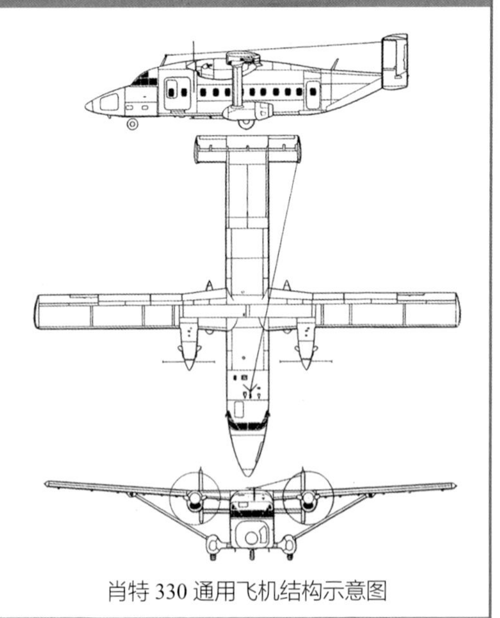

肖特 330 通用飞机结构示意图

建造历程

肖特 330 通用飞机最初称为 SD3-30，其研制计划于 1973 年 5 月正式启动，研制阶段共制造了 2 架原型机和 1 架生产型飞机。第一架原型机于 1974 年 8 月 22 日首次试飞。1976 年 2 月 18 日，肖特 330 通用飞机获得英国民航局的型号合格证。1976 年 6 月 18 日，肖特 330 通用飞机获得美国联邦航空局的型号合格证，以及加拿大航空运输部、德国联邦航空局和澳大利亚运输部的型号合格证。同年肖特 330 通用飞机开始交付使用。

肖特 330 通用飞机正在起飞

机体构造

肖特 330 通用飞机的机身为轻合金结构，由 3 个主要部分组成：机头部分包括驾驶舱、前轮舱和前行李舱；中段包括主翼梁固定隔框和安装主起落架及其整流罩的下部横梁；后段包括后行李舱和尾翼固定隔框。机头和后部机身下部是普通蒙皮—桁条结构，其他部位的蒙皮壁板是用光滑的外蒙皮铰接到波纹状的内蒙皮上构成。该机的主翼为撑杆式上单翼，全金属安全寿命结构。机翼中段和中机身上部成为一个整体，为双梁、单翼盒的普通蒙皮和桁条组成的轻合金结构。撑杆支撑的外翼段是等弦长、轻合金双翼盒结构，用螺栓连到机翼中段上。

肖特 330 通用飞机侧下方特写

运输性能

肖特330通用飞机的驾驶舱设2名机组人员，客舱内标准布局为30座，座椅分10排，每排3座，排距76厘米，中间设较宽的过道。座椅安装在客舱地板上的轨道上，以利于改变座舱布局。厨房、厕所和客舱服务员座椅设在客舱后部。机头行李舱容积1.27立方米，后部行李舱容积2.83立方米，每个行李舱都有外部进口，总行李装载量为500千克。客货混合布局时，用隔板把座舱分成后客舱（典型布局18座）和前货舱两部分，货舱通过左侧的大舱门装卸货物，能运载集装箱；全货运布局时，舱内可装7个集装箱，集装箱周围的空间还可用来装其他货物。

肖特330通用飞机正在降落

趣闻逸事

肖特330于1992年9月停产，共生产了141架（包括军机和货机），至2021年仍有少量肖特330在役。

肖特330通用飞机前侧面特写

别 -200 通用飞机

别 -200 通用飞机是俄罗斯别里耶夫设计局研制生产的多用途水陆两用飞机。

排名依据

2006 年以来，根据外国的请求，别 -200 多次到意大利、印尼、希腊、葡萄牙等国执行灭火任务，表现良好，受到各国的赞誉。别 -200 不仅具有良好的飞行性能，还具有较强的改型潜力，已经引起许多国家以及军事专家注意。

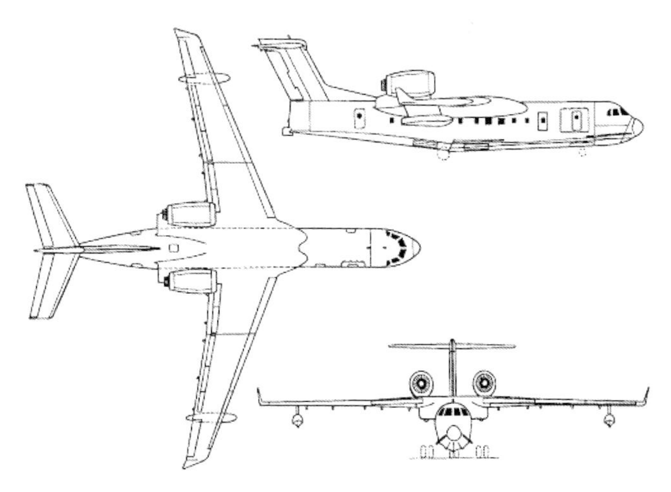

别 -200 通用飞机结构示意图

建造历程

别 -200 通用飞机的设计工作始于 1989 年，首架原型机于 1996 年 9 月 11 日出厂，1998 年 9 月 24 日完成陆上起降首次试飞，1999 年 9 月 10 日完成首次水上起降。2002 年，别 -200 通用飞机开始批量生产，但产量很小，截至 2017 年 7 月也只生产了 10 架。

飞行中的别 -200 通用飞机

机体构造

别 -200 通用飞机采用常规布局，悬臂式后掠上单翼，展弦比较大，翼尖装有翼梢小翼。尾翼为 T 形翼，采用常规的方向舵和升降舵设计。机身为全金属半硬壳结构，底部为船体设计，起落架为前三点式，前、主起落架均为双轮式。机头两侧以及机翼旁边安装了边条，机身两侧安装翼下大型吊舱。

别 -200 通用飞机从水上起飞

运输性能

别 -200 通用飞机有 2 名机组人员，客运型上设备齐全，有厨房、盥洗室和行李间，客舱中央有通道，每排 4 个座位，排距为 75 厘米，最多可载

72 名乘客。货运型的货舱长 17 米、宽 2.6 米、高 1.9 米，可运输 7 ～ 8 吨各种货物。货运型的货舱内安装 9 个货盘，其最大载荷 7500 千克，或安装 9 个特种货盘，最大载荷 6850 千克。

别 -200 通用飞机从地面起飞

趣闻逸事

俄方预计，批量生产型的别 -200 水上飞机的单机价格约为 2200 万美元。他们相信，由于别 -200 具有较好的飞行和使用性能，具有技术和价格优势，其市场前景是乐观的。

飞行中的别 -200 通用飞机

3 TOP 塞斯纳 208 通用飞机

塞斯纳 208 通用飞机是美国塞斯纳飞机公司研制并生产的单发涡轮螺旋桨通用飞机。

排名依据

塞斯纳 208 通用飞机的放行可靠率高达 99%，用户依靠这款机型能够完成很多高难度的作业。他们之所以如此信任塞斯纳 208，是因为在整流罩下方有强大的普惠 PT6A-114 涡轮螺旋桨发动机，这款发动机使塞斯纳 208 的每一种机型都具有超大的载荷能力。塞斯纳 208 固有的多功能性、配置能力、坚固性和广泛的应用性，都使得该机具有无限的可能性。

塞斯纳 208 通用飞机结构示意图

建造历程

20 世纪 80 年代，塞斯纳飞机公司开始研制 10 座级的单发涡轮螺旋桨飞机，用于取代当时在各地运营的数千架德·哈维兰公司生产的“海狸”“水獭”活塞式飞机以及较小型的塞斯纳飞机，并打入这一级别的通用飞机市场。1984 年 10 月 23 日，塞斯纳 208 通用飞机获得美国联邦航空局适航证，1985 年开始批量生产并投入使用。该机经历了一系列的修改，并衍生出不同的机型，由最初的型号演变出多种改装型。

塞斯纳 208 通用飞机在海上飞行

机体构造

塞斯纳 208 通用飞机装有带撑杆的机翼（上单翼）和不可收放的前三点式起落架，可选装轮式、浮筒式或滑橇式起落装置。起落架使用正常轮胎，可在草地、土地、砂石地面起降。若换装浮筒，可在水面起降；若换装冰橇，可在雪面或冰面起降。

塞斯纳 208 通用飞机正在降落

运输性能

塞斯纳 208 通用飞机有 1～2 名机组人员，可搭载 9～13 名乘客。该机以其优良的适应能力著称，塞斯纳飞机公司提供了不同的起落架安装模式，使其能适应不同的地形，甚至包括水上版本。塞斯纳 208 通用飞机的可靠性、经济性和灵活性较好，可使用简易跑道，具备一定的商载能力。加装专业设备后，具有多用途的优势。

塞斯纳 208 通用飞机侧面特写

趣闻逸事

C-16 是塞斯纳 208 机型的军事版本，为美国空军所使用。主要执行中美洲救援用途，因为抗打击能力不足而被否决。

塞斯纳 208 通用飞机正面特写

别 -103 通用飞机

别 -103 通用飞机是俄罗斯别里耶夫设计局和加加林航空生产联合体共同研制并生产的轻型多用途水陆两用飞机。

排名依据

别-103主要用在短距离航线上，可用于西伯利亚、远东、俄欧洲部分北部地区、各沿海国家和岛国，以及其他运输工具难以到达的河流。它可用于执行多种任务，如客货运输、行政公务联络、紧急医疗救护、抢险救援、邮递、水面生态监测（必要时可着水采集水样）、航空照相、商业旅游以及用于森林保护区、海上边界、经济区的巡逻等。军用则可用于指挥、侦察，如果安装相应的武器，也可用于作战。

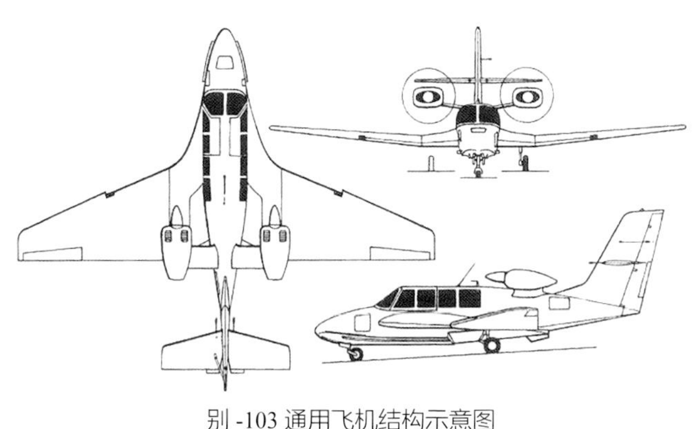

别 -103 通用飞机结构示意图

建造历程

别 -103 通用飞机于 1997 年 7 月首次试飞，2001 年 10 月获得国际航空协会颁发的型号合格证。2003 年 7 月 21 日，别 -103 获得了美国联邦航空局的适航证。由“俄罗斯机械出口”对外贸易联合体在国内外进行的市场调研表明，该机市场需求量可达 800 架。

别 -103 通用飞机在水面起飞

机体构造

别 -103 通用飞机是一种带翼根前缘凸齿的下单翼飞机，全动式水平尾翼装在垂直安定面上，采用前三点式起落架。该机在设计上与传统的水陆两用飞机不同的是，它实现了靠飞机机身断阶（水上飞机船体沿纵向外形发生台阶式突变的部分）、左右机翼根部后缘滑行的三点式滑水构想，从而改进了飞机在水上滑行时的稳定性，提高了飞机的航海性能。

别 -103 通用飞机在海面巡逻

运输性能

别 -103 通用飞机的座舱是根据现代化要求设计的，其配置保障了乘客最大限度的舒适性，同时也能进行快速改装，以适应不同的货物装载要求。座舱内配有空调系统。飞行员为 1 名或 2 名，客运可搭载 4～5 名乘客，货运可运送 400 千克货物。座舱前部装有一个维护舱门和一个应急舱门，均可向上打开。

别 -103 通用飞机正面特写

别 -103 通用飞机的结构设计和鉴定试飞由别里耶夫设计局负责，加加林航空生产联合体则负责样机的生产和定型机的批量生产，以及飞机使用过程中的保养与维修。

飞行中的别 -103 通用飞机

1 TOP 塞斯纳 172 通用飞机

塞斯纳 172 通用飞机是美国塞斯纳飞机公司研制生产的单发四座小型飞机。

排名依据

塞斯纳 172 是塞斯纳飞机公司的经典之作，累计生产量超过 44000 架。这款机型坚固耐用，性能优异，符合民航仪表飞行法规要求，容易驾驶和维护，起降场地要求不高，几乎可在海拔 3000 米以下的任何一片稍平坦的地面起降，它的购买和使用成本与一辆高级轿车差不多，全球各地几乎都可以看到它的身影。

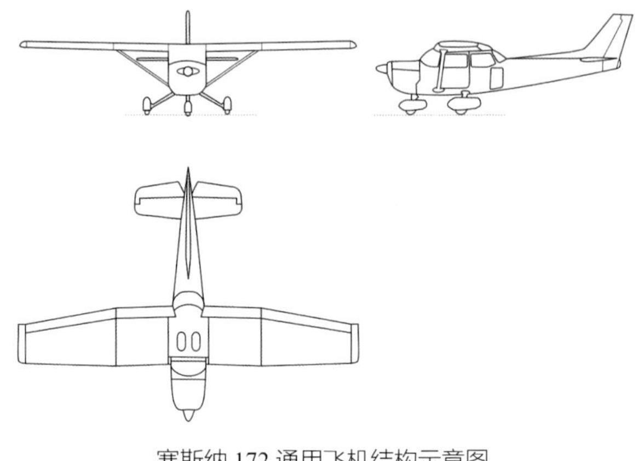

塞斯纳 172 通用飞机结构示意图

建造历程

塞斯纳 172 通用飞机于 1955 年 6 月首次试飞，第一架生产型飞机于 1956 年交付。早期的塞斯纳 172 通用飞机是标准的三轮传动装置飞机，仅 1956 年的销量就超过 1400 架。之后，陆续出现了塞斯纳 172A、塞斯纳 172B、塞斯纳 172D、塞斯纳 172F、塞斯纳 172J、塞斯纳 172R 和塞斯纳 C-172SP 等改进型号。其中，塞斯纳 C-172SP 是塞斯纳 172 系列最现代化的机型，于 1998 年开始批量生产。

飞行中的塞斯纳 172 通用飞机

机体构造

早期的塞斯纳 172 通用飞机与塞斯纳 170 通用飞机非常相似，具有相同机身，采用斜撑杆式直形上单翼、后掠式垂直尾翼、下置水平尾翼，机头部位有二桨叶螺旋桨，起落架为前三点式起落架。增加后窗以改良飞行员的视野，成为一架能够 360 度观察四周环境的飞机。

在海上飞行的塞斯纳 172 通用飞机

运输性能

塞斯纳 172 拥有全新一代发动机、仪表、燃油系统、供电系统以及内部装饰，更提高了飞机的安全性和舒适性，占据了世界私人飞机和初级训练飞机市场的领先地位。除飞行员外，该机还可搭载 3 名乘客。

塞斯纳 172 通用飞机侧方特写

趣闻逸事

1987 年，一名年轻德国飞行员马蒂亚斯·鲁斯特租了一架塞斯纳 172，在没有许可的情况下由赫尔辛基飞至苏联上空并降落于红场附近，途中没有苏联空军阻止，这便是著名的红场事件。

塞斯纳 172 通用飞机准备降落